小学 3 年生

文章題にぐーんと強くなる

学習指導要領対応

KUM⊙N

JN050575

1 1年生が32人，2年生が45人います。あわせて何人ですか。〔6点〕

しき $32+45=\boxed{}$

答え $\boxed{}$ 人

$$\begin{array}{r} 3\,2 \\ +\,4\,5 \\ \hline \boxed{}\boxed{} \end{array}$$

2 赤い花が53本，白い花が46本あります。あわせて何本ですか。〔6点〕

しき $53+46=$

答え ＿＿＿＿＿ 本

3 つるをゆづきさんは63わ，ひなたさんは122わおりました。あわせて何わおりましたか。〔8点〕

しき

答え ＿＿＿＿＿

4 本をきのう302ページ，きょう74ページ読みました。あわせて何ページ読みましたか。〔8点〕

しき

答え ＿＿＿＿＿

5 150円のノートと640円の本を買います。あわせて何円になりますか。〔8点〕

しき

答え ＿＿＿＿＿

6 165円の下じきと130円のノートを買います。あわせて何円になりますか。〔8点〕

しき

答え ＿＿＿＿＿

7 1組が146人，2組が132人います。あわせて何人ですか。〔8点〕

しき

答え _____

8 420円のふでばこと165円の下じきを買います。あわせて何円になりますか。〔8点〕

しき

答え _____

9 船におとなが231人，子どもが148人のっています。ぜんぶで何人のっていますか。〔8点〕

しき

答え _____

10 みかんをきのうまでに1265こどりました。きょう312ことりました。あわせて何ことりましたか。〔8点〕

しき

答え _____

11 ゆう園地におとなが812人，子どもが1165人来ました。ぜんぶで何人来ましたか。〔8点〕

しき

答え _____

12 しょうまさんは3275円，お兄さんは4310円もっています。あわせて何円ですか。〔8点〕

しき

答え _____

13 きょうのやきゅう場の入場しゃ数はおとな6513人，子ども2366人です。あわせて何人ですか。〔8点〕

しき

答え _____

たし算とひき算②

答え▶ 別冊解答
1ページ

1 127円のノートと35円のけしゴムを買います。ぜんぶで何円になりますか。〔8点〕

 127＋35＝

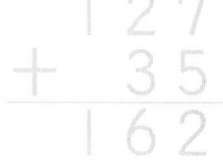

答え _____ 円

2 どう話の本が116さつ，絵本が158さつあります。あわせて何さつありますか。〔8点〕

答え _____

3 赤い色紙が124まい，青い色紙が148まいあります。あわせて何まいありますか。〔8点〕

答え _____

4 子どもが1139人，おとなが835人います。あわせて何人いますか。
〔8点〕

答え _____

5 しおりさんは3356円もっています。お母さんから1525円もらいました。ぜんぶで何円になりましたか。〔8点〕

答え _____

6 135円のノートと80円のえんぴつを買います。ぜんぶで何円ですか。
〔8点〕

しき

答え _____

 7 馬が127とう，牛が192とういます。あわせて何とういますか。〔8点〕

しき

答え _____

 8 黄色い花が135本，白い花が272本さいています。あわせて何本さいていますか。〔8点〕

しき

答え _____

 9 本をきのう248ページ，きょう170ページ読みました。あわせて何ページ読みましたか。〔8点〕

しき

答え _____

 10 東小学校の低学年は1083人，高学年は894人です。あわせて何人ですか。〔8点〕

しき

答え _____

 11 みつきさんは2545円，お姉さんは4270円もっています。2人あわせて何円になりますか。〔10点〕

しき

答え _____

 12 はくぶつかんの入場しゃ数はおとな6324人，子ども1853人でした。ぜんぶで何人ですか。〔10点〕

しき

答え _____

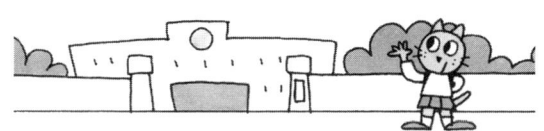

3 たし算とひき算③

1 赤い花が145本，白い花が187本あります。花はあわせて何本ありますか。〔8点〕

 145＋187＝

答え ＿＿＿＿＿＿

```
   1 4 5
＋ 1 8 7
   3 3 2
```

本

2 赤い色紙が156まい，青い色紙が167まいあります。色紙はあわせて何まいありますか。〔8点〕

答え ＿＿＿＿＿＿

3 あおいさんは，本をきのうまでに175ページ，きょう45ページ読みました。あわせて何ページ読みましたか。〔8点〕

答え ＿＿＿＿＿＿

4 えいたさんは，きのういちごを146こつみました。きょうまた，68こつみました。あわせて何こつみましたか。〔8点〕

答え ＿＿＿＿＿＿

5 どんぐりをひろとさんは98こ，かのんさんは107こひろいました。2人がひろったどんぐりはあわせて何こですか。〔10点〕

答え ＿＿＿＿＿＿

6 きのう，ゆう園地に来たおとなは1256人でした。子どもは，おとなより148人多かったそうです。きのう，子どもは何人来ましたか。〔10点〕

答え ＿＿＿＿＿＿＿＿＿＿

7 144円のノートと3698円のかばんを買います。あわせて何円になりますか。〔10点〕

答え ＿＿＿＿＿＿＿＿＿＿

8 図書室に本が1814さつあります。きょう新しい本が86さつとどきました。本は何さつになりましたか。〔10点〕

答え ＿＿＿＿＿＿＿＿＿＿

9 ゆうせいさんは426円もっています。お父さんから2680円もらいました。ぜんぶで何円になりましたか。〔10点〕

答え ＿＿＿＿＿＿＿＿＿＿

10 いろはさんは1378円もっています。お母さんから2155円もらいました。ぜんぶで何円になりましたか。〔8点〕

```
  1378
+ 2155
  3533
```

答え ＿＿＿＿＿＿＿＿＿＿

11 りくさんの町には，子どもが4435人，おとなが4369人います。りくさんの町にはぜんぶで何人いますか。〔10点〕

答え ＿＿＿＿＿＿＿＿＿＿

4 たし算とひき算④

とく点

点

答え➡ 別冊解答
2ページ

1 965円と658円の絵本を買います。あわせて何円になりますか。〔8点〕

 965+658＝

答え　　　　　円

```
   9 6 5
 + 6 5 8
 1 6 2 3
```

2 ぼく場に牛が974とういます。馬は牛より28とう多いそうです。馬は何とういますか。〔8点〕

答え

3 赤い花が637本，白い花が668本あります。花はあわせて何本ありますか。〔8点〕

答え

4 きのう，ゆう園地に来たおとなは876人でした。子どもは，おとなより325人多かったそうです。きのう，子どもは何人来ましたか。〔8点〕

答え

5 そうまさんの学校には，低学年が567人，高学年が595人います。子どもはぜんぶで何人いますか。〔8点〕

答え

6 フェリーにおとなが783人，子どもが517人のっています。ぜんぶで何人のっていますか。〔8点〕

(しき)

答え _____

7 あおとさんは3768円のたん生日ケーキと355円のジュースを買います。ぜんぶで何円になりますか。〔8点〕

(しき)

答え _____

8 きのう，ゆう園地に来たおとなは929人，子どもは1374人でした。ぜんぶで何人来ましたか。〔8点〕

(しき)

答え _____

9 図書室に本が2973さつあります。新しく本を158さつふやすそうです。図書室の本は何さつになりますか。〔8点〕

(しき)

答え _____

10 さくらさんは1735円もっています。きょうお母さんから2465円もらいました。ぜんぶで何円になりましたか。〔8点〕

(しき) 1735＋2465＝

```
   1735
+ 2465
  4200
```

答え _____

11 サッカースタジアムに，きょうはおとなが2783人，子どもが1517人来ています。ぜんぶで何人来ましたか。〔10点〕

(しき)

答え _____

12 ひかりさんは3898円のかばんと1365円の絵のぐセットを買います。ぜんぶで何円になりますか。〔10点〕

(しき)

答え _____

たし算とひき算⑤

答え▶ 別冊解答
2ページ

1 195円の下じきと80円のえんぴつがあります。ちがいは何円ですか。
〔6点〕

 $195-80=$ ☐

答え ☐ 円

```
  195
-  80
 ☐☐☐
```

2 つるをももかさんは64わ，お母さんは186わおりました。ちがいは何わですか。〔6点〕

 $186-64=$

答え _____ わ

3 色紙が276まい，画用紙が150まいあります。ちがいは何まいですか。
〔8点〕

答え _____

4 中学生が256人，小学生が132人います。ちがいは何人ですか。〔8点〕

答え _____

5 赤い花が165本，白い花が143本あります。ちがいは何本ですか。〔8点〕

答え _____

6 牛が1358とう，馬が127とういます。ちがいは何とうですか。〔8点〕

しき

答え _____

7 画用紙が236まいあります。25まいつかうと，のこりは何まいですか。

〔8点〕

しき

答え _____

8 図書室に本が1458さつあります。きょう，213さつかし出しました。図書室に何さつ本がのこっていますか。〔8点〕

しき

答え _____

9 校ていに子どもが1236人います。教室に131人もどりました。今，校ていに子どもは何人いますか。〔8点〕

しき

答え _____

10 たくみさんは1465円もっています。425円つかいました。のこりは何円ですか。〔8点〕

しき

答え _____

11 みかんを1378ことりました。大きなはこに350こつめました。とってきたみかんは何このこっていますか。〔8点〕

しき

答え _____

12 1288ページの本があります。きょう115ページ読みました。のこりは何ページですか。〔8点〕

しき

答え _____

13 3395円もっています。1160円の本を買いました。のこりは何円ですか。〔8点〕

しき

答え _____

6 たし算とひき算⑥

答え▶ 別冊解答 2・3ページ

1 あいりさんはどんぐりを130こひろいました。弟に14こあげると，のこりは何こになりますか。〔8点〕

 130−14＝

```
  1 3 0
−   1 4
  1 1 6
```

答え　　　　　　　　こ

2 色紙が142まいあります。そのうち125まいつかうと，何まいのこりますか。〔8点〕

答え　　　　　　　　

3 みかんを1594ことりました。そのうち565こを市場で売りました。みかんは何このこっていますか。〔8点〕

答え　　　　　　　　

4 赤い色紙が256まい，青い色紙が182まいあります。赤い色紙と青い色紙のちがいは何まいですか。〔8点〕

答え　　　　　　　　

5 つむぎさんは250円もっていました。きょう80円のおかしを買いました。何円のこっていますか。〔8点〕

答え

6 えいとさんは2560円もっていました。きょう425円のプラモデルを買いました。お金は何円のこっていますか。〔8点〕

答え _____

7 ゆうきさんの町にはぜんぶで1286人います。そのうちおとなは642人です。子どもは何人ですか。〔8点〕

答え _____

8 1375円のクッキーセットと1190円のせんべいセットがあります。クッキーセットとせんべいセットのねだんのちがいは何円ですか。〔8点〕

答え _____

9 1386本のペンがありました。そのうち422本を子どもたちにくばりました。ペンは何本のこっていますか。〔8点〕

答え _____

10 ぼく場に牛が276とう，馬が384とういます。牛と馬のちがいは何とうですか。〔8点〕

答え _____

11 きのう，どうぶつ園におとなと子どもがあわせて639人来ました。そのうちおとなは275人だそうです。子どもは何人来ましたか。〔10点〕

答え _____

12 そうたさんは2345円もっていました。1530円の絵のぐセットを買いました。お金は何円のこっていますか。〔10点〕

答え _____

たし算とひき算⑦

 みかんが226こありました。きょう58こくばりました。みかんは何こ のこっていますか。〔8点〕

しき 226−58＝

$$\begin{array}{r} 226 \\ -\ \ 58 \\ \hline 168 \end{array}$$

答え

 校ていで子どもが124人あそんでいます。そのうち46人が帰りました。 まだ，何人あそんでいますか。〔8点〕

しき

答え

 りくとさんの学校の子どもはぜんぶで1203人です。そのうち，きょ うかぜで47人休みました。学校に来た子どもは何人ですか。〔8点〕

しき

答え

 440円のチョコレートと258円のキャラメルがあります。チョコレー トとキャラメルのねだんのちがいは何円ですか。〔8点〕

しき

答え

 ぼく場にひつじが254ひき，やぎが175ひきいます。ひつじはやぎよ り何びき多くいるでしょうか。〔8点〕

しき

答え

 こはるさんの学校の子どもはぜんぶで1173人です。そのうち高学年 は581人です。低学年は何人ですか。〔8点〕

しき

答え

7 あおいさんは1125円もっていました。きょう180円の下じきを買いました。お金は何円のこっていますか。〔8点〕

答え _____

8 みゆさんは1350円もっていました。875円のクッキーを買いました。お金は何円のこっていますか。〔8点〕

答え _____

9 きのう，ゆう園地におとなと子どもがあわせて1203人来ました。そのうちおとなは327人だそうです。子どもは何人来ましたか。〔8点〕

答え _____

10 きょう，やきゅう場に来た人は8963人です。きのう来た人より1986人多いそうです。きのう，やきゅう場には何人来ましたか。〔8点〕

答え _____

11 だいちさんは5000円もっていました。きょう，3480円のラジコンを買いました。お金は何円のこっていますか。〔10点〕

答え _____

12 にもつがそうこに2546こあります。きょう中に1688こはこび出します。にもつはそうこに何このこるでしょうか。〔10点〕

答え _____

8 たし算とひき算⑧

とく点

点

答え➡別冊解答 3ページ

1 あんなさんはきのうまでにどう話の本を125ページ読みました。きょうは32ページ読みました。あわせて何ページ読みましたか。〔8点〕

答え _____

2 色紙が253まいありました。そのうち32まいつかいました。色紙は何まいのこっていますか。〔8点〕

答え _____

3 はるとさんは750円もっていました。きょう625円のプラモデルを買いました。のこっているお金は何円ですか。〔8点〕

答え _____

4 かきがはこに268こありました。きょう，そのはこに，かきを46こ入れました。はこのかきはぜんぶで何こになりましたか。〔8点〕

答え _____

5 きのう，どうぶつ園に来たおとなは2734人でした。子どもは，おとなより437人多かったそうです。きのう，子どもは何人来ましたか。〔8点〕

答え _____

6 ゆうまさんの家でいちごが214ことれました。きょう28こ食べました。いちごは何このこっていますか。〔8点〕

答え _____

7 りこさんは400円もっていました。きょう63円のけしゴムを買いました。お金は何円のこっていますか。〔8点〕

答え _____

8 図書室に本が1895さつあります。新しく本を306さつふやすそうです。図書室の本は何さつになりますか。〔8点〕

答え _____

9 ぼく場に牛が324とう，馬が258とういます。牛は馬より何とう多いでしょうか。〔8点〕

答え _____

10 ゆあさんの町には，おとなが3536人，子どもが3498人すんでいます。町の人はぜんぶで何人いますか。〔8点〕

答え _____

11 きのう，ゆう園地におとなと子どもがあわせて3647人来ました。そのうちおとなは1748人だそうです。きのう，ゆう園地に子どもは何人来ましたか。〔10点〕

答え _____

12 たいせいさんは1908円もっていました。きょう，お父さんから95円もらいました。ぜんぶで何円になりましたか。〔10点〕

答え _____

1 いちかさんは，午前8時に家を出て，午前8時15分に学校につきました。家を出てから学校につくまでにかかった時間は何分ですか。〔8点〕

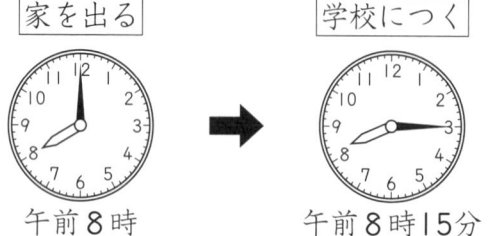

家を出る　　　　学校につく

午前8時　　　　午前8時15分

答え 15 分

2 あさひさんは，午前9時に家を出て，午前9時26分にえきにつきました。家を出てからえきにつくまでにかかった時間は何分ですか。〔8点〕

答え

3 ひまりさんは，午前10時に家を出て，午前10時35分に公園につきました。家を出てから公園につくまでにかかった時間は何分ですか。〔8点〕

答え

4 かいとさんは，午前10時30分から午前10時45分まで本を読みました。本を読んでいた時間は何分ですか。〔8点〕

答え

5 ゆうなさんは，午後2時10分から午後2時30分までなわとびをしました。なわとびをしていた時間はどれだけですか。〔8点〕

答え

6 はなさんは，午前8時50分から午前9時までかん字のれんしゅうをしました。かん字のれんしゅうをした時間はどれだけですか。〔10点〕

答え _____

7 みおさんは，午前8時50分から午前9時10分までピアノをひきました。ピアノをひいていた時間はどれだけですか。〔10点〕

答え _____

8 れんさんは，午後2時40分から午後3時までなわとびをしました。なわとびをしていた時間はどれだけですか。〔10点〕

答え _____

9 そらさんは，午後2時40分から午後3時20分までべんきょうをしました。べんきょうをした時間はどれだけですか。〔10点〕

答え _____

10 ゆいさんは，午前8時40分に家を出て，おじさんの家に午前9時15分につきました。家からおじさんの家までにかかった時間はどれだけですか。〔10点〕

答え _____

11 さきさんは，午後1時45分に家を出て，公園に午後2時5分につきました。家から公園までにかかった時間はどれだけですか。〔10点〕

答え _____

10 時こくと時間②

1 りおさんは, 公園で午後4時から午後5時まであそびました。りおさんが公園であそんだ時間は何時間ですか。〔8点〕

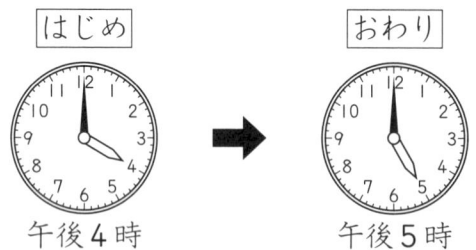

はじめ		おわり
午後4時	→	午後5時

答え ☐ 時間

2 あやとさんは, 公園で午前9時から午前11時まであそびました。あやとさんが公園であそんだ時間は何時間ですか。〔8点〕

答え ＿＿＿＿＿＿

3 ひなたさんは, 午後5時から午後7時までテレビを見ました。テレビを見ていた時間は何時間ですか。〔8点〕

答え ＿＿＿＿＿＿

4 いつきさんは, 午前10時に家を出て, おばさんの家に正午(午前12時)につきました。家を出てからおばさんの家につくまでにかかった時間は何時間ですか。〔8点〕

答え ＿＿＿＿＿＿

5 りょうまさんは, 午前9時から午後1時まで学校にいました。学校にいた時間は何時間ですか。〔10点〕

答え ＿＿＿＿＿＿

6 さらさんは，午後2時から午後3時まで絵をかきました。さらさんが絵をかいていた時間は何時間ですか。〔8点〕

答え _____

7 そうたさんは，午後2時から午後3時20分まで公園であそびました。あそんでいた時間は何時間何分ですか。〔10点〕

答え _____

8 かほさんは，午前9時から午前11時までテレビを見ました。テレビを見ていた時間はどれだけですか。〔10点〕

答え _____

9 りんさんたちは，午前9時50分から午前11時まで公園であそびました。あそんでいた時間は何時間何分ですか。〔10点〕

答え _____

10 めいさんは，午前8時50分から午前11時まで絵をかきました。絵をかいていた時間は何時間何分ですか。〔10点〕

答え _____

11 ゆうとさんは，午前9時30分から午前11時10分までえい画を見ました。えい画を見ていた時間はどれだけですか〔10点〕

答え _____

時こくと時間③

答え➡ 別冊解答
4ページ

1 さくさんは，公園でなわとびを10分したあと，ボールで20分あそびました。公園であそんだ時間はあわせて何分ですか。〔5点〕

答え 30 分

2 あかりさんは，きのう30分，きょう20分しゅくだいをしました。しゅくだいをした時間はあわせて何分ですか。〔10点〕

答え _____

3 みつきさんは，ものがたりの本をきのうは30分，きょうは25分読みました。本を読んだ時間はあわせて何分ですか。〔10点〕

答え _____

4 ゆうなさんは，40分算数のべんきょうを，30分国語のべんきょうをしました。べんきょうをした時間はあわせて何時間何分ですか。〔10点〕

答え _____

5 はるさんは，バスに30分のり，電車に50分のりました。のりものにのった時間はあわせて何時間何分ですか。〔10点〕

答え _____

6 かのんさんは，20分さんぽをしたあと，45分べんきょうをしました。さんぽとべんきょうをした時間をあわせると，何時間何分になりますか。
〔10点〕

答え _____

7 たくみさんは，午前8時に家を出て，15分歩いて学校につきました。学校についた時こくは午前何時何分ですか。〔5点〕

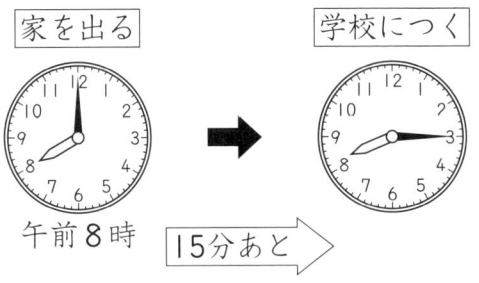

家を出る　　　　　学校につく

午前8時　　15分あと

答え　午前　8　時　15　分

8 いろはさんは，午後4時から20分べんきょうをしました。べんきょうがおわった時こくは午後何時何分ですか。〔10点〕

答え

9 りくとさんは，午前7時から25分さんぽをしました。さんぽがおわった時こくは午前何時何分ですか。〔10点〕

答え

10 しおりさんは，午前10時30分から10分へやのかたづけをしました。かたづけがおわった時こくは午前何時何分ですか。〔10点〕

答え

11 えいたさんは，午後3時30分に家を出て，15分歩いておばさんの家につきました。おばさんの家についた時こくは午後何時何分ですか。〔10点〕

答え

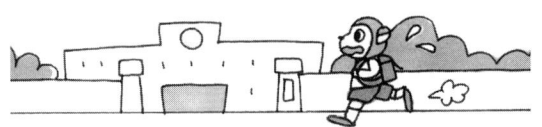

12 時こくと時間④

答え➡別冊解答4ページ

1 みなとさんは，午前9時に家を出て，20分歩いてえきにつきました。えきについた時こくは午前何時何分ですか。〔9点〕

答え _____

2 かんなさんは，午前8時50分に家を出て，20分歩いてえきにつきました。えきについた時こくは午前何時何分ですか。〔9点〕

答え _____

3 ひかりさんは，午後3時45分から15分本を読みました。本を読みおわった時こくは午後何時ですか。〔9点〕

答え _____

4 ゆうまさんは，午後3時45分から20分さんぽをしました。さんぽがおわった時こくは午後何時何分ですか。〔9点〕

答え _____

5 ももかさんは，午前10時40分から30分算数のべんきょうをしました。算数のべんきょうがおわった時こくは午前何時何分ですか。〔9点〕

答え _____

6 家からえきまで歩くと35分かかります。午後2時40分に家を出ると，えきにつく時こくは午後何時何分ですか。〔9点〕

答え _____

7 れんさんが，家からえきまで歩くと10分かかります。えきに午前8時20分につくようにするには，家を午前何時何分に出ればよいでしょうか。〔5点〕

答え　午前 8 時 10 分

8 たいせいさんが，家から学校まで歩くと10分かかります。学校に午前8時10分につくようにするには，家を午前何時に出ればよいでしょうか。〔9点〕

答え

9 さなさんが，家から公園まで歩くと10分かかります。公園に午前8時につくようにするには，家を午前何時何分に出ればよいでしょうか。〔5点〕

答え　午前 7 時 分

10 いつきさんの家からえい画かんまで歩いて15分かかります。えい画かんに午前10時につくようにするには，家を午前何時何分に出ればよいでしょうか。〔9点〕

答え

11 りくさんは，20分なわとびをしました。なわとびがおわったのは午後4時10分だそうです。なわとびをはじめた時こくは午後何時何分ですか。〔9点〕

答え

12 あおとさんの家から海まで行くのに40分かかります。海に午前10時30分につくには，あおとさんは家を午前何時何分に出ればよいでしょうか。〔9点〕

答え

13 時こくと時間⑤

1 あいりさんは, 公園で午後3時から1時間あそびました。あそびおわった時こくは午後何時ですか。〔5点〕

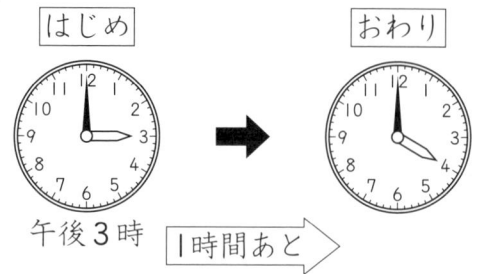

はじめ　　　　　　　おわり

午後3時　1時間あと➡

答え　午後 [4] 時

2 つむぎさんは, 午後2時から2時間えい画を見ました。えい画を見おわった時こくは午後何時ですか。〔10点〕

答え _____

3 ひろとさんは, 午前9時30分から1時間絵をかきました。絵をかきおわった時こくは午前何時何分ですか。〔10点〕

答え _____

4 ゆうきさんは, 午後4時20分から1時間テレビを見ました。テレビを見おわった時こくは午後何時何分ですか。〔10点〕

答え _____

5 みおさんは, レストランで午前11時30分から1時間30分しょくじをしました。しょくじがおわった時こくは午後何時ですか。〔10点〕

答え _____

6 そうまさんは、1時間ピアノのれんしゅうをします。午前11時にれんしゅうをおわらせるには、午前何時にれんしゅうをはじめればよいでしょうか。〔5点〕

答え 午前 10 時

7 りょうさんは、1時間犬のさんぽをします。午前9時にさんぽをおわらせるには、午前何時にさんぽをはじめればよいでしょうか。〔10点〕

答え

8 2時間のえい画を見ました。えい画がおわった時こくは、午後4時でした。えい画がはじまった時こくは午後何時ですか。〔10点〕

答え

9 さくらさんの家からおばさんの家まで1時間かかります。午前10時30分におばさんの家につくには、家を午前何時何分に出ればよいでしょうか。〔10点〕

答え

10 はるさんは、1時間算数のべんきょうをします。午後3時40分におわらせるには、午後何時何分にべんきょうをはじめればよいでしょうか。〔10点〕

答え

11 めいさんの家から海まで1時間30分かかります。海に午前11時につくには、家を午前何時何分に出ればよいでしょうか。〔10点〕

答え

14 時こくと時間⑥

答え ➡ 別冊解答 4ページ

1 あさひさんは, 池のまわりを2しゅう走りました。1しゅうめは20秒, 2しゅうめは25秒かかりました。あさひさんは, 2しゅう走るのにあわせて何秒かかりましたか。〔10点〕

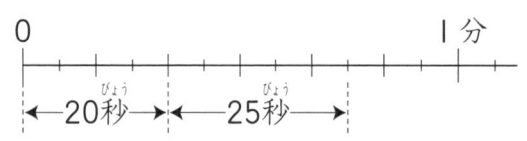

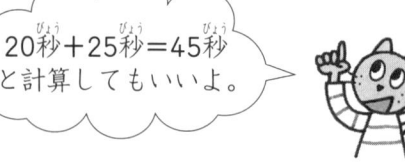

20秒＋25秒＝45秒と計算してもいいよ。

答え _____ 秒

2 こはるさんは, 池のまわりを2しゅう走りました。1しゅうめは27秒, 2しゅうめは30秒かかりました。こはるさんは, 2しゅう走るのにあわせて何秒かかりましたか。〔10点〕

答え _____

3 ゆうとさんは, 池のまわりを2しゅう走りました。1しゅうめは30秒, 2しゅうめは35秒かかりました。ゆうとさんは, 2しゅう走るのにあわせて何分何秒かかりましたか。〔10点〕

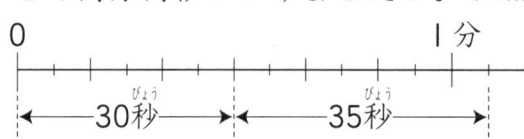

60秒＝1分です。

答え _____

4 ひなたさんは, 公園まで走っておうふくしました。行きは1分46秒, 帰りは1分54秒かかりました。おうふくに何分何秒かかりましたか。

〔10点〕

答え _____

5 りおさんは，公園まで走っておうふくしました。行きは53秒，帰りは59秒かかりました。行きと帰りにかかった時間は何秒のちがいがありますか。〔10点〕

答え _____

6 50mをおよぐのに，そらさんは1分36秒かかりました。かいとさんは，1分25秒かかりました。そらさんは，かいとさんより何秒長くかかりましたか。〔10点〕

答え _____

7 さくさんは，公園まで走っておうふくしました。行きは1分46秒，帰りは1分54秒かかりました。帰りは行きよりも何秒長くかかりましたか。〔10点〕

答え _____

8 いちかさんは，池のまわりを1しゅうするのに1分25秒かかりました。えいたさんは，いちかさんより13秒みじかかったそうです。えいたさんは，池のまわりを1しゅうするのに何分何秒かかりましたか。〔15点〕

答え _____

9 校ていを1しゅう走るのに，はるとさんは1分45秒かかりました。みつきさんは2分12秒かかりました。みつきさんは，はるとさんより何秒長くかかりましたか。〔15点〕

答え _____

15 長さの たし算とひき算①

点

答え→ 別冊解答 4ページ

1 さらさんの家から学校までの道のりは300mです。学校から市やくしょまでの道のりは400mです。さらさんの家から学校を通って市やくしょまでの道のりは何mですか。〔10点〕

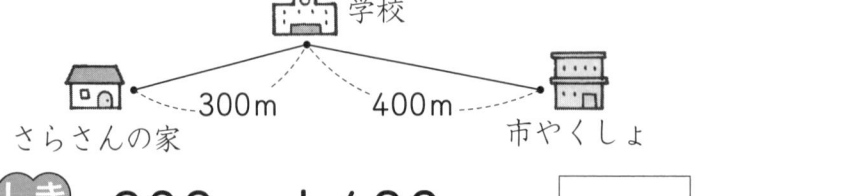

学校

さらさんの家 ┈300m┈ ┈400m┈ 市やくしょ

しき $300m + 400m = \boxed{} m$

答え $\boxed{}$ m

2 えいとさんの家から公園までの道のりは200mです。公園から図書かんまでの道のりは400mです。えいとさんの家から公園を通って図書かんまでの道のりは何mですか。〔10点〕

 しき

答え _____

3 ひまりさんの家からおじさんの家まで、かた道350mあります。ひまりさんは、行きも帰りも歩きました。ひまりさんはぜんぶで何m歩きましたか。〔15点〕

 しき

答え _____

4 れんさんは、おばさんの家まで歩いて行きます。これまでに650m歩きました。あと200mでおばさんの家につくそうです。れんさんの家からおばさんの家までは何mありますか。〔15点〕

 しき

答え _____

5 あんなさんののったバスは，公園前から2km200m走りました。海がんまではあと1km500m走るそうです。公園前から海がんまでの道のりは何km何mですか。〔10点〕

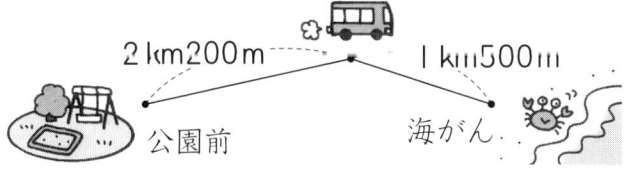

2km200m ········ 1km500m
公園前　　　　　　海がん

しき $2\,km\,200\,m + 1\,km\,500\,m$

$= \boxed{}\,km\,\boxed{}\,m$

答え $\boxed{}$ km $\boxed{}$ m

6 だいちさんは，家から1km300mの道のりを歩いてえきへ行きました。えきから3km200mの道のりをバスにのってどうぶつ園まで行きました。だいちさんの家からえきを通ってどうぶつ園までの道のりは何km何mですか。〔10点〕

 1 km 300 m ＋ 3 km 200 m

＝　　　　　　km　　　　m

答え _____

7 ゆうせいさんののったバスは，公園前から3km400m走りました。ゆう園地まではあと2kmあるそうです。公園前からゆう園地までの道のりは何km何mありますか。〔15点〕

答え _____

8 そうまさんの家から公園までの道のりは300mです。公園から市やくしょまでの道のりは1km500mです。そうまさんの家から公園を通って市やくしょまでの道のりは何km何mですか。〔15点〕

しき

答え _____

16 長さの たし算とひき算②

1 □にあてはまる数を書きましょう。〔1もん4点〕

① $1000m = \boxed{1}$ km

② $1200m = \boxed{}$ km $\boxed{}$ m

③ $1050m = \boxed{}$ km $\boxed{}$ m

④ $1500m = \boxed{}$ km $\boxed{}$ m

⑤ $1850m = \boxed{}$ km $\boxed{}$ m

⑥ $2000m = \boxed{}$ km

⑦ $2300m = \boxed{}$ km $\boxed{}$ m

⑧ $2050m = \boxed{}$ km $\boxed{}$ m

⑨ $2580m = \boxed{}$ km $\boxed{}$ m

⑩ $3000m = \boxed{}$ km

⑪ $3100m = \boxed{}$ km $\boxed{}$ m

⑫ $3420m = \boxed{}$ km $\boxed{}$ m

⑬ $3600m = \boxed{}$ km $\boxed{}$ m

⑭ $3940m = \boxed{}$ km $\boxed{}$ m

2 ゆいさんの家からえきまでの道のりは600mです。えきからびょういんまでの道のりは700mです。ゆいさんの家からえきを通ってびょういんまでの道のりは何km何mですか。〔10点〕

ゆいさん
の家　　　　　　えき

🏠・----600m---- ・----700m----・🏥 びょういん

1000m=1km です。

しき $600m + 700m = 1300m$

$1300m = \boxed{} km \boxed{} m$

答え $\boxed{}$ km $\boxed{}$ m

3 ひろとさんの家から公園までの道のりは700mです。公園から学校までの道のりは500mです。ひろとさんの家から公園を通って学校までの道のりは何km何mですか。〔10点〕

しき 700m＋500m＝

答え　　　　　　　km　　　　　　m

4 りょうまさんの家からえきまでの道のりは650mです。えきからゆうびんきょくまでの道のりは400mです。りょうまさんの家からえきを通ってゆうびんきょくまでの道のりは何km何mですか。〔12点〕

しき

答え

5 あおいさんは、おばあさんの家まで歩いて行きます。これまでに850m歩きました。あと580mでおばあさんの家につくそうです。あおいさんの家からおばあさんの家までは何km何mですか。〔12点〕

しき

答え

長さの
たし算とひき算③

1 たくみさんの家から公園までの道のりは1km600mです。公園から図書かんまでの道のりは500mです。たくみさんの家から公園を通って図書かんまでの道のりは何km何mですか。〔10点〕

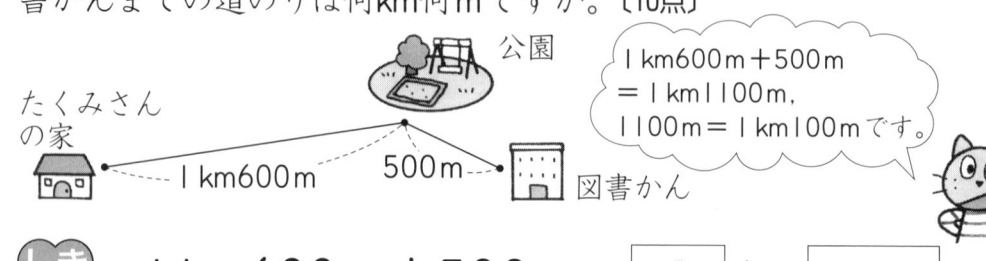

公園

1km600m＋500m
＝1km1100m,
1100m＝1km100mです。

たくみさん
の家

1km600m　　500m　　図書かん

しき 1km600m＋500m＝ 2 km [ ] m

答え [ ] km [ ] m

2 はるさんはハイキングに行きました。これまでに1km400m歩きました。目てき地まであと800mだそうです。目てき地まで何km何m歩くことになりますか。〔10点〕

しき

答え

3 りこさんの家から学校までの道のりは1km500mです。学校からゆうびんきょくまでの道のりは900mです。りこさんの家から学校を通ってゆうびんきょくまでの道のりは何km何mですか。〔10点〕

しき

答え

4 ゆづきさんの家からえきまでの道のりは700mです。ゆづきさんは家からえきまで歩いて行き，えきから2km550mバスにのってゆう園地に行きました。ゆづきさんの家からえきを通ってゆう園地までの道のりは何km何mですか。〔10点〕

しき

答え

5 かんなさんは山のぼりに行きました。これまでにふもとから1km800m歩きました。あと1km500m歩くと，ちょう上につきます。ふもとからちょう上までの道のりは何km何mありますか。〔10点〕

答え _____

6 そらさんはハイキングに行きました。これまでに2km500m歩きました。目てき地まであと1km700mだそうです。目てき地まで何km何m歩くことになりますか。〔10点〕

答え _____

7 あかりさんののったバスは，公園前から2km900m走りました。どうぶつ園まではあと1km400m走るそうです。公園前からどうぶつ園までの道のりは何km何mありますか。〔10点〕

答え _____

8 さなさんの家からおばさんの家まで，かた道1km900mあります。さなさんは，行きも帰りも歩きました。さなさんはぜんぶで何km何m歩きましたか。〔15点〕

答え _____

9 みゆさんの家からえきまでの道のりは1km600mです。みゆさんは家からえきまで自てん車で行き，えきから2km850mバスにのってはくぶつかんに行きました。みゆさんの家からえきを通ってはくぶつかんまでの道のりは何km何mですか。〔15点〕

答え _____

18 長さの たし算とひき算④

1

かのんさんの家からえきまでの道のりは600m，学校までの道のりは400mです。かのんさんの家からえきまでと学校までとの道のりのちがいは何mですか。〔10点〕

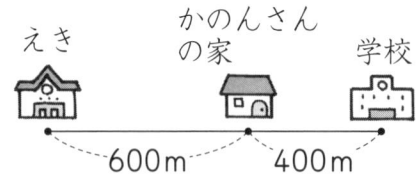

えき　かのんさんの家　学校
600m　400m

しき $600m - 400m = \boxed{} m$

答え $\boxed{}$ m

2

はなさんの家から歩いて同じ方角に学校と公園があります。学校までは400m，公園までは900mあるそうです。学校から公園までは何mありますか。〔10点〕

しき

答え _____

3

みなとさんは950mはなれたおじさんの家にむかって歩いています。これまでに450m歩きました。おじさんの家まであと何mありますか。

〔10点〕

しき

答え _____

4

あおいさんは840mはなれたゆあさんの家にむかって歩いています。あと360mで，ゆあさんの家につくそうです。これまでに何m歩きましたか。〔15点〕

しき

答え _____

5 しおりさんの家からゆうびんきょくまでの道のりは1km800mです。そのと中に、しょうぼうしょがあります。ゆうびんきょくとしょうぼうしょは500mはなれています。しおりさんの家からしょうぼうしょまでは何km何mありますか。〔10点〕

しおりさん
の家　　　　　　　　　しょうぼうしょ　ゆうびんきょく

〜500m〜

〜1km800m〜

 $$1\,km\,800\,m - 500\,m = \boxed{}\ km\ \boxed{}\ m$$

答え $\boxed{}$ km $\boxed{}$ m

6 たいせいさんは、1km650mはなれたそうたさんの家に行きます。と中に、ひかりさんの家があります。そうたさんの家とひかりさんの家は200mはなれています。たいせいさんの家からひかりさんの家までは何km何mありますか。〔15点〕

答え _____

7 ゆうきさんは、2km800mはなれたおじさんの家にむかって歩いています。これまでに1km300m歩きました。おじさんの家まであと何km何mありますか。〔15点〕

答え _____

8 あやとさんの家から南に2km650mはなれたところにけいさつしょがあり、北に2km180mはなれたところにしょうぼうしょがあります。あやとさんの家からけいさつしょまでのきょりとしょうぼうしょまでのきょりのちがいは何mですか。〔15点〕

しき

答え _____

19 長さの たし算とひき算⑤

1 □にあてはまる数を書きましょう。〔1もん4点〕

① 1 km = [1000] m

② 1 km 5 m = [ ] m

③ 1 km 50 m = [ ] m

④ 1 km 500 m = [ ] m

⑤ 1 km 550 m = [ ] m

⑥ 1 km 760 m = [ ] m

⑦ 2 km = [ ] m

⑧ 2 km 60 m = [ ] m

⑨ 2 km 400 m = [ ] m

⑩ 2 km 750 m = [ ] m

⑪ 3 km 10 m = [ ] m

⑫ 3 km 200 m = [ ] m

⑬ 3 km 650 m = [ ] m

⑭ 3 km 920 m = [ ] m

2 りんさんの家から学校まで行く間にえきがあります。りんさんの家から学校までの道のりは1km200m，えきまでの道のりは900mあるそうです。えきから学校までの道のりは何mですか。〔10点〕

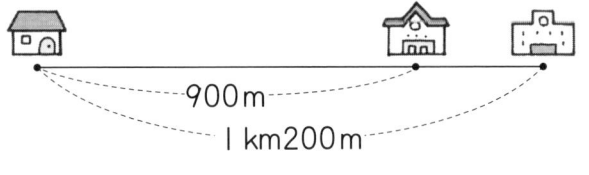

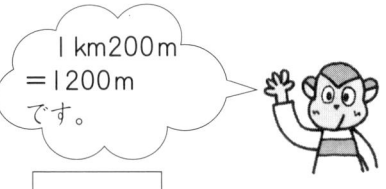

1km200m
=1200m
です。

しき 　1km200m−900m=□m

答え □m

 3 あさひさんの家から東に700mはなれたところにえきがあり，西に1km300mはなれたところにゆうびんきょくがあります。あさひさんの家からえきまでのきょりとゆうびんきょくまでのきょりでは何mちがいますか。〔10点〕

しき

答え

 4 いつきさんの家から市やくしょまでの道のりは2km300mです。そのと中に，公園があります。公園から市やくしょまでの道のりは600mだそうです。いつきさんの家から公園までの道のりは何km何mですか。〔12点〕

しき

答え

 5 かほさんの家からおじさんの家までの道のりは2km400mです。かほさんは，おじさんの家まで歩いています。あと950mでおじさんの家につくそうです。かほさんは，これまでに何km何m歩きましたか。〔12点〕

しき

答え

答え➡ 別冊解答
6ページ

20 長さの たし算とひき算⑥

1 ゆあさんの家から花やさんまでの道のりは500m，ゆあさんの家から花やさんの先にある公園までの道のりは3km200mです。花やさんから公園までの道のりは何km何mですか。〔8点〕

答え _____

2 しょうまさんは，ハイキングに行きました。家から目てき地までの道のりは3km200mです。これまでに1km500m歩きました。目てき地まであと何km何mですか。〔8点〕

$$3\,km\,200\,m - 1\,km\,500\,m$$
$$= \boxed{1}\ km\ \boxed{}\ m$$

答え $\boxed{}$ km $\boxed{}$ m

3 いちかさんは，ゆう園地までバスにのって行きます。ゆう園地までの道のりは4km300mです。これまでにバスは2km800m走りました。ゆう園地まであと何km何mですか。〔12点〕

答え _____

4 あやとさんは，おじさんの家にむかって歩いています。おじさんの家までの道のりは2km150mです。あと1km300mでおじさんの家につくそうです。これまでに何m歩きましたか。〔12点〕

しき

答え _____

5 こはるさんは，家から図書かんにむかって歩いています。家から図書かんまでの道のりは2kmです。これまでに1km800m歩きました。図書かんまでの道のりはあと何mですか。〔12点〕

答え _____

6 ひなたさんの家から東に3kmはなれたところにしょうぼうしょがあり，西に1km500mはなれたところに公園があります。ひなたさんの家からしょうぼうしょまでのきょりと公園までのきょりのちがいは何km何mですか。〔12点〕

答え _____

7 みつきさんののったバスは，えきからゆう園地まで4km走ります。いままでに2km300m走りました。ゆう園地まであと何km何mありますか。〔12点〕

答え _____

8 りくさんは，自分の家からおばさんの家にむかって歩いています。りくさんの家からおばさんの家までの道のりは2kmです。あと600mで，おばさんの家につくそうです。これまでに何km何m歩きましたか。

〔12点〕

答え _____

9 えいたさんの家から南に560m行ったところに学校があり，北に2km行ったところにえきがあります。えいたさんの家からどちらのほうが何km何m遠いでしょうか。〔12点〕

答え _____

重さの
たし算とひき算①

1 重さが200gのびんに，さとうを300g入れました。ぜんたいの重さは何gになりますか。〔8点〕

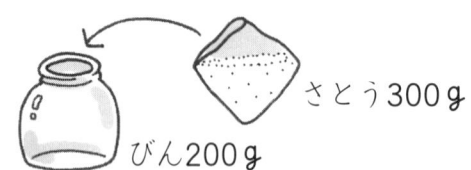

さとう300g

びん200g

 　**しき**　$200g + 300g = \boxed{} g$

答え $\boxed{}$ g

2 重さが100gのかごに，みかんを700g入れました。ぜんたいの重さは何gになりますか。〔10点〕

答え _____

3 重さが120gのかんに，お茶を200g入れました。ぜんたいの重さは何gになりますか。〔10点〕

答え _____

4 重さが450gのグレープフルーツと380gのグレープフルーツがあります。グレープフルーツの重さはあわせて何gになりますか。〔10点〕

答え _____

5 重さが165gのかごに，くりを335g入れました。ぜんたいの重さは何gになりますか。〔10点〕

答え _____

6 あんなさんは，1kg100gのかばんに500gの本を入れました。ぜんたいの重さは何kg何gになりますか。〔8点〕

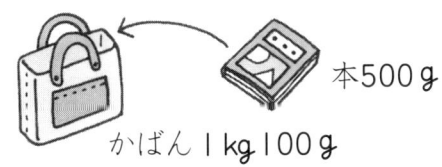

本500g

かばん1kg100g

しき　1kg100g ＋ 500g ＝ ☐ kg ☐ g

答え ☐ kg ☐ g

7 めいさんは，300gのかごに，りんごを1kg250g入れました。ぜんたいの重さは何kg何gになりますか。〔10点〕

答え _____

8 そらさんは，1kgのはこに2kg350gのなしを入れました。ぜんたいの重さは何kg何gになりますか。〔10点〕

答え _____

9 はるとさんは，1kg250gのかんに，すなを2kg500g入れました。ぜんたいの重さは何kg何gになりますか。〔12点〕

答え _____

10 1この重さが1kg350gのコンクリートブロックが2こあります。あわせた重さは何kg何gになりますか。〔12点〕

答え _____

重さの
たし算とひき算②

1 □にあてはまる数を書きましょう。〔1もん4点〕

① $1000 g = \boxed{1}$ kg

② $1200 g = \boxed{}$ kg $\boxed{}$ g

③ $1050 g = \boxed{}$ kg $\boxed{}$ g

④ $1500 g = \boxed{}$ kg $\boxed{}$ g

⑤ $1850 g = \boxed{}$ kg $\boxed{}$ g

⑥ $2000 g = \boxed{}$ kg

⑦ $2010 g = \boxed{}$ kg $\boxed{}$ g

⑧ $2100 g = \boxed{}$ kg $\boxed{}$ g

⑨ $2600 g = \boxed{}$ kg $\boxed{}$ g

⑩ $2740 g = \boxed{}$ kg $\boxed{}$ g

⑪ $3080 g = \boxed{}$ kg $\boxed{}$ g

⑫ $3300 g = \boxed{}$ kg $\boxed{}$ g

⑬ $4000 g = \boxed{}$ kg

⑭ $4060 g = \boxed{}$ kg $\boxed{}$ g

2 いろはさんは，重さが300gのいれものに，さとうを800g入れました。ぜんたいの重さは何kg何gになりますか。〔6点〕

1000g＝1kg です。

しき　300g＋800g＝1100g

1100g＝ □ kg □ g

答え □ kg □ g

3 ゆうとさんは，重さが600gの本と700gの本をもっています。本の重さはあわせて何kg何gですか。〔8点〕

しき　600g＋700g＝

答え _____ kg _____ g

4 さきさんは，重さ400gのかごに，くりを750g入れました。ぜんたいの重さは何kg何gになりますか。〔10点〕

しき

答え _____

5 ひなさんは，重さ350gのびんに，しおを900g入れました。ぜんたいの重さは何kg何gになりますか。〔10点〕

しき

答え _____

6 重さ850gと750gのかぼちゃがあります。かぼちゃの重さはあわせて何kg何gですか。〔10点〕

しき

答え _____

23 重さの たし算とひき算③

とく点

点

答え ▶ 別冊解答
7ページ

1 えいとさんは，1kg200gのはこにみかんを900g入れました。ぜんたいの重さは何kg何gになりますか。〔8点〕

 1kg200g＋900g

= 2 kg ☐ g

200gと900gをあわせると，1kg100gになります。

答え ☐ kg ☐ g

2 ゆうまさんは，1kg500gのかばんに800gの本を入れました。ぜんたいの重さは何kg何gになりますか。〔10点〕

答え _____

3 あかりさんは，750gのいれものに，くりを1kg600g入れました。ぜんたいの重さは何kg何gになりますか。〔10点〕

答え _____

4 重さ800gの本と1kg240gの本があります。本の重さはあわせて何kg何gですか。〔12点〕

答え _____

5 さくさんは，1kg600gのかばんに1kg500gのじしょを入れました。ぜんたいの重さは何kg何gになりますか。〔12点〕

(しき)

答え _____

6 ももかさんは，1kg400gのはこに2kg800gのりんごを入れました。ぜんたいの重さは何kg何gになりますか。〔12点〕

(しき)

答え _____

7 みなとさんは，1kg500gの水そうに3kg750gの水を入れました。ぜんたいの重さは何kg何gになりますか。〔12点〕

(しき)

答え _____

8 だいちさんの体重は21kg450g，ゆうきさんの体重は25kg800gです。2人の体重をあわせると，何kg何gになりますか。〔12点〕

(しき)

答え _____

9 1kg750gのてつのぼうが2本あります。このてつのぼうの重さはあわせて何kg何gですか。〔12点〕

(しき)

答え _____

重さの たし算とひき算④

1 みかんが500g，くりが300gあります。みかんとくりの重さのちがいは何gですか。〔8点〕

500g   300g

しき 500g － 300g = ☐ g

答え ☐ g

2 りんごが900g，なしが500gあります。りんごとなしの重さのちがいは何gですか。〔10点〕

答え

3 重さ180gのびんにさとうを入れて重さをはかると，700gありました。さとうの重さは何gですか。〔10点〕

答え

4 420gの絵本と670gのどう話の本があります。絵本とどう話の本の重さのちがいは何gですか。〔10点〕

答え

5 重さ250gのはこにくりを入れて重さをはかると，920gありました。くりの重さは何gですか。〔10点〕

答え

6 かいとさんが，200gのかごにバナナを入れて重さをはかったら，1kg600gありました。バナナの重さは何kg何gですか。〔8点〕

かご200g

ぜんたい1kg600g

 1kg600g－200g ＝ □ kg □ g

答え □ kg □ g

7 あおいさんが，150gのはこにりんごを入れて重さをはかったら，2kg400gありました。りんごの重さは何kg何gですか。〔10点〕

答え _____

8 みおさんが，1kg200gのいれものにりんごを入れて重さをはかったら，2kg800gありました。りんごの重さは何kg何gですか。〔10点〕

答え _____

9 ぶどうが8kg600gとれました。そのうち，1kg250gを食べました。ぶどうは何kg何gのこっていますか。〔12点〕

答え _____

10 ゆうまさんの体重は24kg850gで，そうたさんの体重は23kg500gです。ゆうまさんは，そうたさんより何kg何g重いでしょうか。〔12点〕

しき

答え _____

重さの たし算とひき算⑤

1 □にあてはまる数を書きましょう。〔1もん4点〕

① 1 kg = [ ] g

② 1 kg 50 g = [ ] g

③ 1 kg 500 g = [ ] g

④ 1 kg 750 g = [ ] g

⑤ 1 kg 900 g = [ ] g

⑥ 1 kg 920 g = [ ] g

⑦ 2 kg = [ ] g

⑧ 2 kg 30 g = [ ] g

⑨ 2 kg 300 g = [ ] g

⑩ 2 kg 600 g = [ ] g

⑪ 2 kg 850 g = [ ] g

⑫ 3 kg = [ ] g

⑬ 3 kg 60 g = [ ] g

⑭ 3 kg 600 g = [ ] g

2 米が1kg200gありました。きょう500gつかいました。米は何gのこっていますか。〔4点〕

 1kg200g − 500g = ▢ g

> 1kg200g
> =1200g
> です。

答え ▢ g

3 さとうが2kg100gありました。きょう300gつかいました。さとうは何kg何gのこっていますか。〔10点〕

答え _____

4 しおが2kg250gありました。きょう400gつかいました。しおは何kg何gのこっていますか。〔10点〕

答え _____

5 いちごが3kg400gとれました。きょう750g食べました。いちごは何kg何gのこっていますか。〔10点〕

答え _____

6 くりが800g，ぶどうが1kg150gあります。ぶどうはくりより何g重いでしょうか。〔10点〕

答え _____

1 なすが 3 kg 200 g，きゅうりが 1 kg 700 g とれました。なすはきゅうりより何kg何g多くとれたでしょうか。〔8点〕

$$3\,kg\,200\,g - 1\,kg\,700\,g$$

$$= \boxed{1}\,kg\,\boxed{}\,g$$

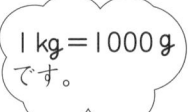
1 kg＝1000 g です。

答え $\boxed{}$ kg $\boxed{}$ g

2 重さ 1 kg 300 g のいれものに，米を入れて重さをはかったら，ぜんたいで 3 kg 100 g ありました。米の重さは何kg何g ですか。〔10点〕

答え _____

3 ぶどうが 1 kg 500 g，なしが 4 kg 250 g あります。なしとぶどうの重さのちがいは何kg何g ですか。〔10点〕

答え _____

4 重さ 1 kg 400 g のいれものに，くりを入れて重さをはかったら，ぜんたいで 3 kg 150 g ありました。くりの重さは何kg何g ですか。〔12点〕

答え _____

5 なすが3kg, きゅうりが1kg400gとれました。なすはきゅうりより何kg何g多くとれたでしょうか。〔12点〕

答え _____

6 米が4kgありました。きょう1kg200gつかいました。米は何kg何gのこっていますか。〔12点〕

答え _____

7 さとうが2kg, しおが900gあります。さとうとしおの重さのちがいは何kg何gですか。〔12点〕

答え _____

8 重さ400gのいれものに, みかんを入れて重さをはかったら, ぜんたいで3kgありました。みかんの重さは何kg何gですか。〔12点〕

答え _____

9 重さ150gのいれものに, くりを入れて重さをはかったら, ぜんたいで2kgありました。くりの重さは何kg何gですか。〔12点〕

答え _____

ひとやすみ

◆100にするには

数字の4を7こつかって, たし算をし, 答えを100にするには, どうすればよいでしょう。

(ヒント:44と4のたし算です。)

(答えはべっさつの24ページ)

27 重さの たし算とひき算⑦

とく点

点

答え➡ 別冊解答
8ページ

1 重さ4tの岩と，6tの岩があります。あわせた重さは何tになりますか。〔10点〕

しき　4t＋6t＝□ t

答え □ t

2 重さ5t400kgのぞうと，6tのぞうがいます。あわせた重さは何t何kgですか。〔10点〕

しき

答え ＿＿＿＿＿＿＿＿

3 重さ300kgの台に，700kgの土をのせました。ぜんたいの重さは何tになりますか。〔10点〕

しき　300kg＋700kg＝1000kg

1000kg＝

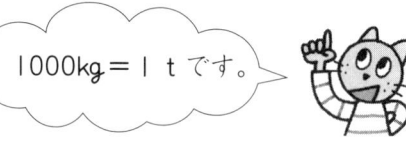
1000kg＝1t です。

答え ＿＿＿＿＿ t

4 重さ1t600kgの土と，1t700kgの土があります。あわせた重さは何t何kgになりますか。〔10点〕

しき

答え ＿＿＿＿＿＿＿＿

5 米が8 t，小麦こが5 tあります。米と小麦この重さのちがいは何 t ですか。〔10点〕

（しき） 8 t − 5 t =

答え _____ t

6 みかんが6 t 700kg，レモンが2 t 300kgとれました。みかんとレモンの重さのちがいは何 t 何kgですか。〔10点〕

（しき）

答え _____

7 ぶどうが1 t 200kgありました。そのうち，900kgが売れました。ぶどうは何kgのこっていますか。〔10点〕

（しき） 1 t 200kg = 1200kg

答え _____

8 米が3 t 100kg，とうもろこしが1 t 750kgあります。米ととうもろこしの重さのちがいは何 t 何kgですか。〔15点〕

（しき）

答え _____

9 3 t 500kgのトラックがあります。にもつをのせると，5 t 270kgになりました。にもつだけの重さは何 t 何kgですか。〔15点〕

（しき）

答え _____

28 小数の たし算とひき算①

1 牛にゅうがパックに1L，びんに1.8Lあります。牛にゅうはあわせて何Lありますか。〔8点〕

 1L  1.8L

しき $1 + 1.8 =$ ☐

答え ☐ L

2 さとうが大きいいれものに3kg，小さいいれものに1.4kg入っています。さとうはあわせて何kgありますか。〔8点〕

しき

答え _____ kg

3 しおが大きいいれものに2.3kg，小さいいれものに1kg入っています。しおはあわせて何kgありますか。〔8点〕

答え _____

4 青いロープが3.2m，白いロープが2mあります。ロープはあわせて何mありますか。〔8点〕

答え _____

5 ジュースを0.6Lのみましたが，まだ，1Lのこっています。はじめにジュースは何Lありましたか。〔8点〕

答え _____

6 ジュースがパックに0.2L，びんに0.5L入っています。ジュースはあわせて何Lありますか。〔10点〕

0.2L 0.5L

しき $0.2 + 0.5 =$ [　　　]　　　　　答え [　　　] L

7 赤いリボンが0.6mあります。青いリボンは，赤いリボンより0.3m長いそうです。青いリボンの長さは何mですか。〔10点〕

しき $0.6 + 0.3 =$

答え 　　　 m

8 牛にゅうがパックに1.5L，びんに1.2Lあります。牛にゅうはあわせて何Lありますか。〔10点〕

しき

答え

9 重さ0.3kgのいれものに，さとうを1.2kg入れました。ぜんたいの重さは何kgになりましたか。〔10点〕

しき

答え

10 あいりさんのかばんの重さは1.4kgです。お父さんのかばんは，あいりさんのかばんより0.4kg重いそうです。お父さんのかばんの重さは何kgありますか。〔10点〕

しき

答え

11 走りはばとびで，ゆうせいさんは2.3mとびました。ひまりさんは，ゆうせいさんより0.2m長くとんだそうです。ひまりさんは何mとびましたか。〔10点〕

しき

答え

1 重さ0.6kgのいれものに，しおを1.5kg入れました。ぜんたいの重さは何kgになりましたか。〔8点〕

しき $0.6 + 1.5 =$ ⬚

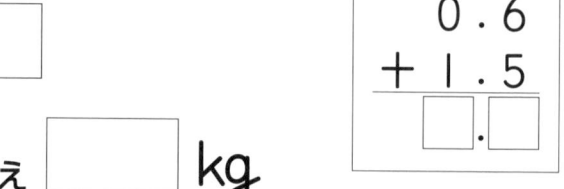

答え ⬚ kg

 2 赤いテープが1.7m，黄色いテープが1.8mあります。テープはあわせて何mありますか。〔8点〕

しき

答え ____ m

3 ジュースがびんに1.8L，パックに0.4L入っています。ジュースはぜんぶで何Lありますか。〔8点〕

しき

答え ____

4 さとうが大きいいれものに1.9kg，小さいいれものに0.7kgあります。さとうはぜんぶで何kgありますか。〔8点〕

しき

答え ____

5 しょうゆが小さいびんに0.4L，大きいびんに0.9Lあります。しょうゆはぜんぶで何Lありますか。〔8点〕

しき

答え ____

6 牛にゅうがびんに0.8L，パックに0.2L入っています。牛にゅうはあわせて何Lありますか。〔10点〕

```
   0.8
+  0.2
□ . 0
```

答え _____

7 テープをゆいさんは1.2m，りくとさんは0.8mもっています。2人のテープをあわせると，何mになりますか。〔10点〕

答え _____

8 さくらさんは，びんに水を0.7L入れました。まだ入るので，あと0.3L入れました。さくらさんは水をぜんぶで何L入れましたか。〔10点〕

答え _____

9 お母さんは，きょう，りょうりをつくるのにあぶらを1.4dLつかいましたが，まだ2.6dLのこっているそうです。はじめにあぶらは何dLありましたか。〔10点〕

答え _____

10 工作で，ひもを2.7mつかったので，のこりが1.5mになりました。はじめにひもは何mありましたか。〔10点〕

答え _____

11 ひなさんのにもつは3.5kgあります。あおいさんのにもつは，ひなさんのにもつより0.8kg重いそうです。あおいさんのにもつの重さは何kgですか。〔10点〕

答え _____

小数の たし算とひき算③

1 はり金が2.3mあります。そのうちの1mをつかうと，のこりは何m ですか。〔8点〕

 $2.3 - 1 = $ ☐

答え ☐ m

2 大きいにもつの重さは4.5kgで，小さいにもつの重さは2kgです。 2つのにもつの重さのちがいは何kgですか。〔8点〕

 $4.5 - 2 = $

答え kg

3 水がやかんに2.4L，水とうに2L入っています。2つのいれものに 入っている水のりょうのちがいは何Lですか。〔10点〕

答え _____

4 白いロープが1.7mあります。青いロープは，白いロープより1mみ じかいそうです。青いロープの長さは何mですか。〔10点〕

答え _____

5 さとうが4.5kgありました。きょう，りょうりにつかったので，のこ りが4kgになりました。りょうりに何kgつかったのでしょうか。〔10点〕

答え _____

6 ジュースが0.8Lあります。そのうちの0.2Lをのむと，のこりは何L ですか。〔8点〕

 しき $0.8 - 0.2 = \boxed{}$

答え $\boxed{}$ L

7 しょうゆが0.7Lありました。きょう，りょうりで0.3Lつかいました。 しょうゆは何Lのこっていますか。〔8点〕

 しき $0.7 - 0.3 =$

答え _____ L

8 牛にゅうが1.8Lありました。きょう，0.6Lのみました。牛にゅうは 何Lのこっていますか。〔8点〕

 しき

答え _____

9 青いロープの長さは3.6mです。白いロープは，青いロープより0.5m みじかいそうです。白いロープの長さは何mですか。〔10点〕

しき

答え _____

10 水が大きいいれものに3.8L，小さいいれものに1.5L入っています。 2つのいれものに入っている水のりょうのちがいは何Lですか。〔10点〕

しき

答え _____

11 重さ1.2kgのいれものにりんごを入れて重さをはかったら，ぜんたい で4.5kgありました。りんごだけの重さは何kgですか。〔10点〕

 しき

答え _____

小数の たし算とひき算④

1 ジュースが1Lありました。きょう，0.2Lのみました。ジュースは何Lのこっていますか。〔8点〕

 **しき** 1－0.2＝ ☐

答え ☐ L

```
  1 . 0
－ 0 . 2
  0 . ☐
```

2 赤いテープが1m，青いテープが0.4mあります。2つのテープの長さのちがいは何mですか。〔8点〕

 **しき** 1－0.4＝

答え m

3 さとうが1kg，しおが0.8kgあります。さとうとしおの重さのちがいは何kgですか。〔8点〕

 しき

答え

4 しおが2kgありました。きょう，りょうりで0.3kgつかいました。しおは何kgのこっていますか。〔8点〕

 しき

答え

5 牛にゅうが2Lありました。きょう，0.6Lのみました。牛にゅうは何Lのこっていますか。〔8点〕

 しき

答え

6 赤いテープが 2 m あります。青いテープは，赤いテープより0.2mみじかいそうです。青いテープの長さは何mですか。〔10点〕

答え _____

7 長さ3mのロープがありました。きょう，1.5mつかいました。ロープは何mのこっていますか。〔10点〕

答え _____

8 米が3kgありました。きょう，1.3kgつかいました。米は何kgのこっていますか。〔10点〕

答え _____

9 とうゆが5Lありました。きょう，2.4Lつかいました。とうゆは何Lのこっていますか。〔10点〕

答え _____

10 りんごジュースが4L，みかんジュースが3.2Lあります。りんごジュースとみかんジュースのりょうのちがいは何Lですか。〔10点〕

答え _____

11 白いテープが1.7m，赤いテープが 2 mあります。白いテープと赤いテープの長さのちがいは何mですか。〔10点〕

答え _____

さらさんはテープを1.2mもっていました。そのうち，0.5mをつかいました。テープは何mのこっていますか。〔8点〕

しき $1.2 - 0.5 = \boxed{}$

答え $\boxed{}$ m

$$\begin{array}{r} 1.2 \\ -\ 0.5 \\ \hline 0.\boxed{} \end{array}$$

 しょうゆが1.5Lありました。きょう，お母さんがりょうりで0.7Lつかいました。しょうゆは何Lのこっていますか。〔8点〕

しき $1.5 - 0.7 =$

答え _____ L

 米が1.4kgありました。きょう，0.8kgつかいました。米は何kgのこっていますか。〔8点〕

しき

答え _____

 あおとさんは，はり金を2.3mもっていましたが，工作で0.9mつかいました。はり金は何mのこっていますか。〔8点〕

しき

答え _____

 水がやかんに2.1L，びんに0.4Lあります。やかんの水は，びんの水より何L多いでしょうか。〔8点〕

しき

答え _____

6 牛にゅうが2.4Lありました。きょう，1.6Lのみました。牛にゅうは何Lのこっていますか。〔10点〕

 しき

答え _____

7 　なすが2.1kg，きゅうりが1.5kgとれました。なすは，きゅうりより何kg多くとれたでしょうか。〔10点〕

しき

答え _____

8 　白いロープが3.2m，青いロープが2.7mあります。白いロープは，青いロープより何m長いでしょうか。〔10点〕

しき

答え _____

9 　テープを，つむぎさんは4.5m，そうまさんは2.8mもっています。2人のもっているテープの長さのちがいは何mですか。〔10点〕

しき

答え _____

10 　重さ1.4kgのいれものにみかんを入れて重さをはかったら，ぜんたいで3.2kgありました。みかんだけの重さは何kgですか。〔10点〕

しき

答え _____

11 　4.3Lのとうゆがありました。何Lかつかったら，のこりが1.6Lになりました。とうゆを何L使いましたか。〔10点〕

しき

答え _____

重さの たし算とひき算⑧

答え▶別冊解答 10ページ

1 重さ300ｇのいれものに，さとうを1kg入れました。ぜんたいの重さは何kgになりましたか。〔10点〕

しき 300ｇ＝0.3kg
0.3kg＋1kg＝

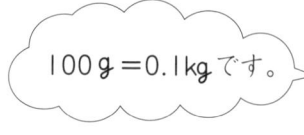
100ｇ＝0.1kgです。

答え _____ kg

2 しおが大きいいれものに1.2kg，小さいいれものに700ｇ入っています。しおはあわせて何kgありますか。〔10点〕

しき 700ｇ＝

答え _____

3 重さ700ｇのはこに，いちごを2.7kg入れました。ぜんたいの重さは何kgになりましたか。〔10点〕

しき

答え _____

4 重さ1.6kgのかばんと，900ｇのかばんがあります。2つあわせた重さは何kgですか。〔10点〕

しき

答え _____

5 さとうが800ｇ，しおが1kgあります。しおは，さとうより何kg重いでしょうか。〔10点〕

しき 800ｇ＝0.8kg
1kg－0.8kg＝

答え _____ kg

6 さとうが4.8kgありました。きょう，りょうりで300gつかいました。のこりは何kgになりましたか。〔10点〕

 300g＝

答え _____

7 1.1kgのメロンと，700gのメロンがあります。2つのメロンの重さのちがいは何kgになりますか。〔10点〕

答え _____

8 重さ200kgのにもつを，1tの自どう車にのせました。ぜんたいの重さは何tになりましたか。〔10点〕

 200kg＝0.2t
0.2t＋1t＝

100kg＝0.1tです。

答え _____ t

9 なすが600kg，きゅうりが1.3tとれました。なすときゅうりの重さはあわせて何tですか。〔10点〕

 600kg＝

答え _____

10 重さ700kgの台に，2.5tの岩をのせました。ぜんたいの重さは何tになりましたか。〔10点〕

しき

答え _____

34 分数の たし算とひき算①

1 水がかんに $\frac{1}{5}$ L あります。それに水を $\frac{2}{5}$ L くわえると、水はぜんぶで何 L になりますか。〔10点〕

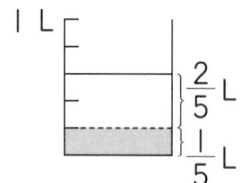

しき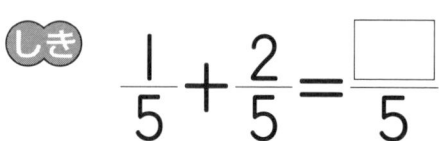

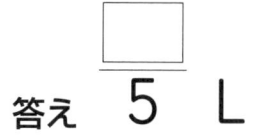

答え ⬜ $\frac{}{5}$ L

2 赤いテープが $\frac{2}{4}$ m、白いテープが $\frac{1}{4}$ m あります。テープはあわせて何 m ありますか。〔10点〕

しき

答え _____ m

3 水がやかんに $\frac{2}{5}$ L 入っています。そこに水を $\frac{2}{5}$ L くわえると、水はぜんぶで何 L になりますか。〔10点〕

答え _____

4 ひなたさんは、ジュースをきのう $\frac{1}{7}$ L、きょう $\frac{4}{7}$ L のみました。のんだジュースはあわせて何 L になりますか。〔10点〕

答え _____

5 重さ $\frac{1}{8}$ kg のはこに、しおを $\frac{4}{8}$ kg 入れました。ぜんたいの重さは何 kg になりましたか。〔10点〕

答え _____

牛にゅうがパックに $\frac{3}{5}$ L，びんに $\frac{1}{5}$ L 入っています。牛にゅうはあわせて何Lありますか。〔10点〕

あわせて何Lか。

しき $\frac{3}{5} + \frac{1}{5} =$

答え _____ L

牛にゅうがパックに $\frac{3}{7}$ L，びんに $\frac{1}{7}$ L 入っています。牛にゅうはあわせて何Lありますか。〔10点〕

しき

答え _____

水が大きいびんに $\frac{4}{6}$ L，小さいびんに $\frac{1}{6}$ L 入っています。水はぜんぶで何Lありますか。〔10点〕

しき

答え _____

テープを $\frac{3}{9}$ mと $\frac{4}{9}$ mの2本に切りました。はじめにテープは何mありましたか。〔10点〕

しき

答え _____

さきさんは，リボンをきのう $\frac{3}{8}$ m，きょう $\frac{2}{8}$ mつかいました。つかったリボンの長さはあわせて何mになりますか。〔10点〕

しき

答え _____

35 分数の たし算とひき算②

答え➡ 別冊解答 10ページ

1 ジュースが大きいびんに $\frac{2}{5}$ L，小さいびんに $\frac{2}{5}$ L 入っています。ジュースはあわせて何 L ありますか。〔10点〕

しき

答え ＿＿＿＿＿＿

2 ジュースが大きいびんに $\frac{3}{5}$ L，小さいびんに $\frac{2}{5}$ L 入っています。ジュースはあわせて何 L ありますか。〔10点〕

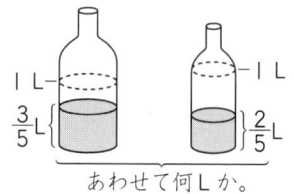

あわせて何Lか。

しき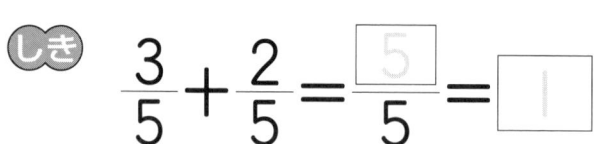

$$\frac{3}{5} + \frac{2}{5} = \frac{5}{5} = \boxed{1}$$

答え $\boxed{}$ L

3 ジュースが大きいびんに $\frac{4}{5}$ L，小さいびんに $\frac{1}{5}$ L 入っています。ジュースはあわせて何 L ありますか。〔10点〕

しき

答え ＿＿＿＿＿＿

4 あぶらが大きいびんに $\frac{5}{8}$ L，小さいびんに $\frac{3}{8}$ L 入っています。あぶらはぜんぶで何 L ありますか。〔10点〕

しき

答え ＿＿＿＿＿＿

5 赤い毛糸が $\frac{2}{7}$ m，白い毛糸が $\frac{5}{7}$ m あります。毛糸はぜんぶで何 m ありますか。〔10点〕

しき

答え ＿＿＿＿＿＿

6 赤いテープが$\frac{5}{9}$m，白いテープが$\frac{3}{9}$mあります。テープはあわせて何mありますか。〔10点〕

しき

答え _____

 7 牛にゅうが大きいびんに$\frac{1}{6}$L，小さいびんに$\frac{5}{6}$L入っています。牛にゅうはあわせて何Lありますか。〔10点〕

しき

答え _____

 8 かいとさんは，はり金をきのう$\frac{2}{6}$m，きょう$\frac{3}{6}$mつかいました。つかったはり金の長さはあわせて何mになりますか。〔10点〕

しき

答え _____

 9 重さ$\frac{3}{8}$kgのいれものに，さとうを$\frac{5}{8}$kg入れました。ぜんたいの重さは何kgになりますか。〔10点〕

しき

答え _____

 10 あぶらがかんに$\frac{2}{9}$Lあります。それにあぶらを$\frac{5}{9}$Lくわえると，あぶらはぜんぶで何Lになりますか。〔10点〕

しき

答え _____

36 分数の たし算とひき算③

 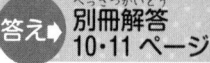
1 テープが $\frac{4}{5}$ mありました。きょう，そのうちの $\frac{1}{5}$ mをつかいました。テープは何mのこっていますか。〔10点〕

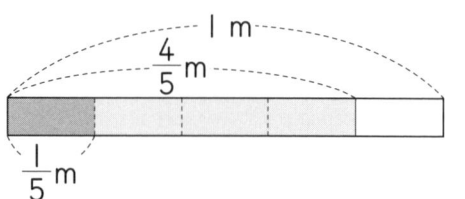

しき $\frac{4}{5} - \frac{1}{5} = \frac{3}{5}$

答え 5 m

2 テープが $\frac{3}{4}$ mありました。きょう，そのうちの $\frac{2}{4}$ mをつかいました。テープは何mのこっていますか。〔10点〕

しき $\frac{3}{4} - \frac{2}{4} =$

答え m

3 ジュースが $\frac{3}{5}$ Lありました。きょう，そのうちの $\frac{1}{5}$ Lをのみました。ジュースは何Lのこっていますか。〔10点〕

しき

答え

4 しおが $\frac{5}{7}$ kgありました。きょう，そのうちの $\frac{3}{7}$ kgをつかいました。しおは何kgのこっていますか。〔10点〕

しき

答え

5 牛にゅうがパックに $\frac{5}{6}$ Lありました。ゆうとさんは，きょう $\frac{4}{6}$ Lのみました。牛にゅうは何Lのこっていますか。〔10点〕

しき

答え

ジュースがパックに $\frac{4}{5}$ L，びんに $\frac{1}{5}$ L 入っています。パックとびんに入っているジュースのりょうのちがいは何 L ですか。〔10点〕

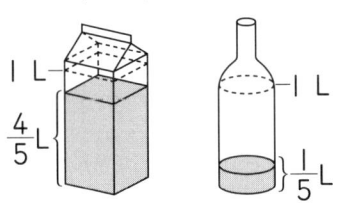

しき $\frac{4}{5} - \frac{1}{5} =$

答え _____ L

 ジュースがパックに $\frac{6}{7}$ L ありました。いつきさんは，きょう $\frac{2}{7}$ L のみました。ジュースは何 L のこっていますか。〔10点〕

しき

答え _____

 水が大きいびんに $\frac{4}{6}$ L，小さいびんに $\frac{3}{6}$ L 入っています。2つのびんに入っている水のりょうのちがいは何 L ですか。〔10点〕

しき

答え _____

 赤いテープが $\frac{3}{9}$ m，青いテープが $\frac{4}{9}$ m あります。2本のテープの長さのちがいは何 m ですか。〔10点〕

しき

答え _____

10 みゆさんは，リボンを $\frac{7}{8}$ m もっていました。きょう $\frac{4}{8}$ m つかいました。リボンは何 m のこっていますか。〔10点〕

しき

答え _____

1 テープが1mありました。そのうちの$\frac{1}{5}$mをつかいました。テープは何mのこっていますか。〔10点〕

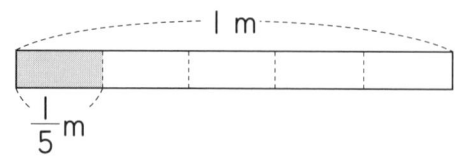

しき

$$1 - \frac{1}{5} = \frac{5}{5} - \frac{1}{5} = \frac{\boxed{}}{5}$$

答え $\frac{\boxed{}}{5}$ m

2 ジュースが1Lありました。そのうちの$\frac{1}{4}$Lをのみました。ジュースは何Lのこっていますか。〔10点〕

しき

答え ___ L

3 牛にゅうが大きいびんに1L入っています。きょう$\frac{3}{4}$Lのみました。牛にゅうは何Lのこっていますか。〔10点〕

しき

答え ___

4 あぶらが大きいびんに1Lあります。大きいびんのあぶらを小さいびんに$\frac{3}{8}$Lだけ入れました。大きいびんに, あぶらは何Lのこっていますか。〔10点〕

しき

答え ___

5 さとうが大きいかんの中に1kg, 小さいかんの中に$\frac{4}{9}$kgあります。2つのかんに入っているさとうの重さのちがいは何kgですか。〔10点〕

しき

答え ___

6 さきさんの家からおばさんの家までの道のりは1kmです。さきさんは、おばさんの家にじてんしゃでむかっています。これまでに、$\frac{7}{10}$km走りました。あと何km走ると、おばさんの家につきますか。〔10点〕

 しき

答え _____

7 ジュースが大きいびんに$\frac{4}{5}$L、小さいびんに$\frac{2}{5}$L入っています。大きいびんと小さいびんの、りょうのちがいは何Lですか。〔10点〕

 しき

答え _____

8 米が$\frac{8}{9}$kgありました。きょう、そのうちの$\frac{4}{9}$kgをつかいました。米は何kgのこっていますか。〔10点〕

 しき

答え _____

9 赤い毛糸が1mあります。きょう、$\frac{5}{7}$mつかいました。赤い毛糸は何mのこっていますか。〔10点〕

 しき

答え _____

10 赤いテープが$\frac{3}{8}$m、白いテープが$\frac{6}{8}$mあります。赤いテープと白いテープの長さのちがいは何mですか。〔10点〕

 しき

答え _____

38 かけ算①

答え▶ 別冊解答 11ページ

1 1まい10円の画用紙を3まい買いました。ぜんぶで何円になりますか。〔5点〕

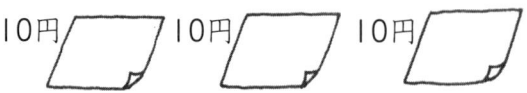

しき 10×3=□　　　答え □ 円

2 くりが10こずつのったさらが6さらあります。くりはぜんぶで何こありますか。〔10点〕

しき

答え _____

3 1はこに4こずつ入ったおかしが10ぱこあります。おかしはぜんぶで何こありますか。〔10点〕

しき

答え _____

4 1まい5円の色紙を10まい買いました。ぜんぶで何円になりますか。〔10点〕

しき

答え _____

5 1つ7円の風船を10買いました。ぜんぶで何円になりますか。〔10点〕

しき

答え _____

6 1たばが20円の色紙を3たば買いました。ぜんぶで何円になりますか。〔5点〕

20円　　　20円　　　20円

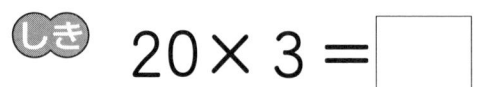

しき 20×3＝□

答え □円

7 1はこに40こずつ入ったみかんが5はこあります。みかんはぜんぶで何こありますか。〔10点〕

しき

答え ＿＿＿＿＿＿

8 はなさんは，1こ300円のケーキを3こ買いました。ケーキのだい金は何円ですか。〔10点〕

しき

答え ＿＿＿＿＿＿

9 絵本は1さつ500円です。図かんのねだんは，絵本のねだんの3倍です。図かんは1さつ何円ですか。〔10点〕

しき

答え ＿＿＿＿＿＿

10 ゆづきさんたちは，4人でどうぶつ園に行きました。どうぶつ園の入場りょうは，1人400円だそうです。入場りょうは，ぜんぶで何円になりますか。〔10点〕

しき

答え ＿＿＿＿＿＿

11 りくさんたちは，6人でゆう園地に行きました。ゆう園地の入園りょうは，1人800円だそうです。入園りょうは，ぜんぶで何円になりますか。〔10点〕

しき

答え ＿＿＿＿＿＿

かけ算②

答え➡ 別冊解答 11 ページ

1 くりが12こずつのったさらが3さらあります。くりはぜんぶで何こありますか。〔5点〕

 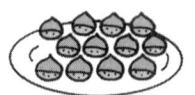 

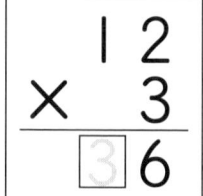

 12 × 3 = ☐

答え ☐ こ

2 たくみさんのクラスには，13人ずつのはんが3つあります。子どもはぜんぶで何人いますか。〔5点〕

 13 × 3 =

答え 人

3 1はこ12こ入りのチョコレートが4はこあります。チョコレートはぜんぶで何こありますか。〔10点〕

答え

4 いちごが14こずつ入ったかごが2つあります。いちごはぜんぶで何こありますか。〔10点〕

しき

答え

5 1まい11円の色紙を5まい買います。ぜんぶで何円になりますか。〔10点〕

しき

答え

6 １はこに24本ずつジュースが入ったはこが２はこあります。ジュースはぜんぶで何本ありますか。〔10点〕

しき

答え _____

7 子ども会には，23人ずつの組が３組あります。子どもはぜんぶで何人いますか。〔10点〕

しき

答え _____

8 りこさんは，くりを21こずつふくろに入れています。ちょうど４ふくろできました。くりはぜんぶで何こありますか。〔10点〕

しき

答え _____

9 １本の重さが22kgのてつのぼうがあります。このてつのぼう３本の重さは何kgになりますか。〔10点〕

しき

答え _____

10 ゆうせいさんは，１こ34円のけしゴムを２こ買います。ぜんぶで何円になりますか。〔10点〕

しき

答え _____

11 いちかさんは，つるをおるのに１たば32円の色紙を３たば買います。ぜんぶで何円になりますか。〔10点〕

しき

答え _____

40 かけ算③

答え➡別冊解答 11・12ページ

1 1たばが14本の花たばを3たばつくります。花はぜんぶで何本あれば よいでしょうか。〔5点〕

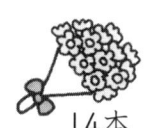

14本　　14本　　14本

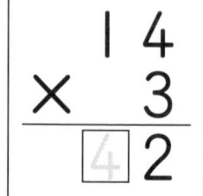

 しき　14×3 = ☐　　答え ☐ 本

2 1たばが12まいの色紙が6たばあります。色紙はぜんぶで何まいあり ますか。〔5点〕

 しき　12×6 =

答え　　　　まい

3 りんごを，1はこに16こずつ入れて5はこつくりました。りんごは ぜんぶで何こありますか。〔10点〕

 しき

答え

4 みかんを，1はこに24こずつ入れて4はこつくりました。みかんは ぜんぶで何こありますか。〔10点〕

 しき

答え

5 あやとさんの学年は，28人のクラスが3クラスあります。あやとさん の学年の子どもはぜんぶで何人いますか。〔10点〕

 しき

答え

6 お母さんは，１こ32円のみかんを４こ買います。だい金は何円になりますか。〔10点〕

しき

答え _____

 7 １はこに42こずつあめが入ったはこが３はこあります。あめはぜんぶで何こありますか。〔10点〕

しき

答え _____

 8 ペンが53本あります。えんぴつの本数は，ペンの本数の３倍です。えんぴつは何本ありますか。〔10点〕

しき

答え _____

 9 にもつをトラックで，１回に62こずつ４回はこびました。にもつをぜんぶで何こはこびましたか。〔10点〕

しき

答え _____

 10 １こ74円のチョコレートを２こ買います。だい金は何円になりますか。
〔10点〕

しき

答え _____

 11 赤，白，黄色の３しゅるいのチューリップのきゅうこんが，それぞれ82こずつあります。チューリップのきゅうこんはぜんぶで何こありますか。〔10点〕

しき

答え _____

1 ゆうきさんは，１本が35円のえんぴつを３本買います。だい金は何円になりますか。〔5点〕

35円　35円　35円

しき　35×3＝□

答え □ 円

2 いちごを，１はこに28こずつ入れて４はこつくりました。いちごはぜんぶで何こありますか。〔5点〕

しき  28×4＝

答え こ

3 かほさんの学年は，34人のクラスが３クラスあります。かほさんの学年の子どもはぜんぶで何人いますか。〔10点〕

答え

4 赤い色紙が16まいあります。青い色紙のまい数は，赤い色紙の８倍です。青い色紙は何まいありますか。〔10点〕

答え

5 りんごを，１はこに24こずつ入れて９はこつくりました。りんごはぜんぶで何こありますか。〔10点〕

答え

6 1たばが48円の竹ひごを3たば買います。だい金は何円になりますか。〔10点〕

答え _____

7 1はこに36こずつみかんが入ったはこが4はこあります。みかんはぜんぶで何こありますか。〔10点〕

答え _____

8 54人のりのバスが6台あります。ぜんぶで何人のることができますか。〔10点〕

答え _____

9 大きい石が8こあります。どの重さも27kgだそうです。石の重さはぜんぶで何kgになりますか。〔10点〕

しき

答え _____

10 絵をかくのに，1たば46円の画用紙を7たば買います。だい金は何円になりますか。〔10点〕

しき

答え _____

11 にもつをトラックで，1回に65こずつ8回はこびました。にもつをぜんぶで何こはこびましたか。〔10点〕

しき

答え _____

42 かけ算⑤

1 はるとさんは，１ふさ124円のバナナを２ふさ買います。だい金は
ぜんぶで何円になりますか。〔5点〕

しき　124×2＝□

答え □ 円

```
  1 2 4
×     2
─────
  2 4 8
```

2 １さつの重さが132gのノートが３さつあります。重さはぜんぶで
何gになりますか。〔5点〕

しき　132×3＝

答え　　　　　g

3 りおさんは，１こ214円のかんづめを２こ買います。だい金はぜんぶ
で何円になりますか。〔10点〕

しき

答え

4 さなさんは，１こ312円のケーキを２こ買います。だい金はぜんぶで
何円になりますか。〔10点〕

しき

答え

5 そらさんは，１さつ432円の本を２さつ買います。だい金はぜんぶで
何円になりますか。〔10点〕

しき

答え

6 １本の長さが124cmになるようにテープを切ったら，ちょうど３本できました。はじめにあったテープの長さは何cmですか。〔10点〕

 しき

答え _____

7 １本118円のペンがあります。ふでばこのねだんは，ペン１本のねだんの５倍です。ふでばこのねだんは何円ですか。〔10点〕

 しき

答え _____

8 えいたさんは，１こが218円のおかしを４こ買います。だい金はぜんぶで何円になりますか。〔10点〕

 しき

答え _____

9 あいりさんは，１本が326円のふでを３本買います。だい金はぜんぶで何円になりますか。〔10点〕

 しき

答え _____

10 １ふくろに126こずつおはじきが入っているふくろが４ふくろあります。おはじきはぜんぶで何こありますか。〔10点〕

 しき

答え _____

11 さとうが１ふくろに225gずつ入っています。４ふくろ分の重さは何gになりますか。〔10点〕

しき

答え _____

43 かけ算⑥

とく点

点

答え➡ 別冊解答
12 ページ

1 たいせいさんは，１さつ162円のノートを２さつ買います。だい金はぜんぶで何円になりますか。〔5点〕

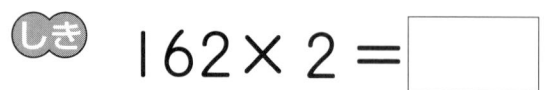 $162 \times 2 = \boxed{}$　　答え $\boxed{}$ 円

2 さとうが242gずつふくろに入っています。３ふくろでは何gになりますか。〔5点〕

 $242 \times 3 =$

答え _____ g

3 りんさんは，１こが182円のケーキを４こ買います。だい金はぜんぶで何円になりますか。〔9点〕

答え _____

4 あさひさんは，１さつ273円の本を３さつ買います。だい金はぜんぶで何円になりますか。〔9点〕

答え _____

5 お母さんは，１たばが362円の花たばを２たば買います。だい金はぜんぶで何円になりますか。〔9点〕

答え _____

6 お父さんは，１こが454円のおもちゃを２こ買います。だい金はぜんぶで何円になりますか。〔9点〕

答え _____

7 こはるさんは，1本が187円のふでを2本買います。だい金はぜんぶで何円になりますか。〔9点〕

答え _____

8 お母さんは，1ぴき238円のさかなを4ひき買います。だい金はぜんぶで何円になりますか。〔9点〕

答え _____

9 ひろとさんは，1さつ486円の本を2さつ買います。だい金はぜんぶで何円になりますか。〔9点〕

答え _____

10 さくさんは，1こ145円のボールを6こ買います。だい金はぜんぶで何円になりますか。〔9点〕

答え _____

11 みおさんは，1さつが238ページの本を3さつ読みました。ぜんぶで何ページ読みましたか。〔9点〕

答え _____

12 さとうが小さいふくろに226g，大きいふくろには，小さいふくろの4倍入っています。大きいふくろのさとうは何gですか。〔9点〕

答え _____

44 かけ算⑦

1 あんなさんは，１さつ130円のノートを４さつ買います。だい金はぜんぶで何円になりますか。〔5点〕

しき $130 \times 4 =$ ☐   答え ☐ 円

2 ひなたさんは，１本160円のふでを３本買います。だい金はぜんぶで何円になりますか。〔5点〕

しき $160 \times 3 =$

答え ___ 円

3 １さつの重さが270ｇの本があります。この本が３さつでは何ｇになりますか。〔9点〕

しき

答え _____

4 りょうまさんは，１さつ140円のノートを６さつ買います。だい金はぜんぶで何円になりますか。〔9点〕

しき

答え _____

5 えいとさんは，１こ350円のボールを２こ買います。ボールのだい金は何円になりますか。〔9点〕

しき

答え _____

6 150cmのひもを４本つくろうと思います。ひもは何cmあればよいでしょうか。〔9点〕

しき

答え _____

7 くすりを1ふくろに108gずつ入れます。3ふくろ分の重さは何gになりますか。〔9点〕

しき

答え _____

8 だいちさんは，1さつ205gの本を4さつもっています。本の重さはぜんぶで何gになりますか。〔9点〕

しき

答え _____

9 お母さんは，1ふくろ307円のしおを2ふくろ買います。しおのだい金は何円になりますか。〔9点〕

しき

答え _____

10 しおりさんは，1まい406円のしゃしんを2まい買います。しゃしんのだい金は何円になりますか。〔9点〕

しき

答え _____

11 みつきさんたちは，6人でどんぐりをひろいました。1人104こずつひろいました。ひろったどんぐりはぜんぶで何こですか。〔9点〕

しき

答え _____

12 赤いテープの長さは105cmです。白いテープの長さは，赤いテープの長さの8倍です。白いテープの長さは何cmですか。〔9点〕

しき

答え _____

かけ算⑧

1 りおさんは，１さつ642円の本を２さつ買います。だい金はぜんぶで何円になりますか。〔5点〕

しき　642×2＝

答え 　　　　　円

```
  6 4 2
×     2
1 2 8 4
```

2 １こ413円のみかんのかんづめを３こ買います。だい金はぜんぶで何円になりますか。〔5点〕

しき　413×3＝

答え 　　　　　円

3 絵本は１さつ945円です。図かん１さつのねだんは，絵本１さつのねだんの２倍です。図かんは１さつ何円ですか。〔10点〕

しき

答え

4 お母さんは，１こ824円のすいかを３こ買います。だい金はぜんぶで何円になりますか。〔10点〕

しき

答え

5 いろはさんは，１たば632円の花たばを４たば買います。だい金はぜんぶで何円になりますか。〔10点〕

しき

答え

お父さんは，1こ476円のかんづめを3こ買います。だい金はぜんぶで何円になりますか。〔10点〕

しき

答え _____

 1年を365日とすると，3年間では何日になりますか。〔10点〕

しき

答え _____

 あおとさんは，1こ480円のボールを4こ買います。だい金はぜんぶで何円になりますか。〔10点〕

しき

答え _____

 1こ850円のメロンを4こ買います。だい金はぜんぶで何円になりますか。〔10点〕

しき

答え _____

 4人でお金を出しあってサッカーボールを買おうと思います。1人が765円ずつ出すと，ぜんぶで何円あつまりますか。〔10点〕

しき

答え _____

 くりを1ふくろに468gずつ入れます。5ふくろ分のくりの重さは何kg何gになりますか。〔10点〕

しき

答え _____

1 しょうまさんのクラスで，１まい５円の色紙を30まい買います。色紙ぜんぶのだい金は何円ですか。〔5点〕

しき 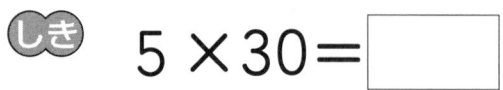 5×30＝ □ 答え □ 円

2 １まい６円の画用紙を40まい買います。画用紙ぜんぶのだい金は何円になりますか。〔5点〕

しき  6×40＝ 答え 円

3 はるさんのクラスで，１本８円の竹ひごを60本買います。竹ひごぜんぶのだい金は何円ですか。〔9点〕

しき   答え

4 えんぴつが６本ずつ入ったはこが，70ぱこあります。えんぴつはぜんぶで何本ありますか。〔9点〕

しき   答え

5 おかしが９こずつ入ったはこが，60ぱこあります。おかしはぜんぶで何こありますか。〔9点〕

しき   答え

6 １こ８円のすずを90こ買います。すずぜんぶのだい金は何円になりますか。〔9点〕

しき   答え

7 1こ14円のあめがあります。このあめを20こ買うと，だい金は何円になりますか。〔9点〕

しき

答え _____

8 1こ25円のけしゴムがあります。このけしゴム20こ分のだい金は何円ですか。〔9点〕

しき

答え _____

9 ジュースが24本ずつ入ったはこが，30ぱこあります。ジュースはぜんぶで何本ありますか。〔9点〕

しき

答え _____

10 かのんさんは，テープを13cmずつ40本に切りました。はじめのテープの長さは何m何cmありましたか。〔9点〕

しき

答え _____

11 1はこ60円のチョコレートがあります。このチョコレートを20ぱこ買うと，だい金は何円になりますか。〔9点〕

しき

答え _____

12 1本85円の花を40本買います。花のだい金は何円になりますか。

〔9点〕

 しき

答え _____

答え➡別冊解答 13・14ページ

1 色紙を1人に16まいずつくばります。子どもは24人います。色紙はぜんぶで何まいあればよいでしょうか。〔5点〕

しき 16×24＝ ▢

答え ▢ まい

```
   1 6
 × 2 4
   6 4
 3 2
 3 ▢ 4
```

2 1まい14円の画用紙を32まい買います。画用紙のだい金はぜんぶで何円になりますか。〔5点〕

しき 14×32＝

答え ▢ 円

3 あめを1人に16こずつくばります。子どもは26人います。あめはぜんぶで何こあればよいでしょうか。〔10点〕

しき

答え

4 くりを1ふくろに15こずつ入れます。28ふくろつくるには，くりは何こあればよいでしょうか。〔10点〕

しき

答え

5 カーネーションの花を14本ずつ1たばにします。25たばつくるには，カーネーションは何本あればよいでしょうか。〔10点〕

しき

答え

6 子ども会でパーティーをするので，1本75円のジュースを35本買います。ジュースのだい金はぜんぶで何円ですか。〔10点〕

答え＿＿＿＿＿＿＿＿＿＿

7 1本85円のサインペンを1ダース買います。サインペン1ダースのだい金は何円ですか。〔10点〕

> サインペンの
> 1ダースは
> 12本のこと
> です。

答え＿＿＿＿＿＿＿＿＿＿

8 文しゅうを1さつつくるのに紙を34まいつかいます。文しゅうを76さつつくるには，紙を何まいつかいますか。〔10点〕

答え＿＿＿＿＿＿＿＿＿＿

9 なし1このねだんは65円だそうです。このなし83こでは何円になりますか。〔10点〕

答え＿＿＿＿＿＿＿＿＿＿

10 子どもが36人います。工作で竹ひごを1人に28本ずつくばります。竹ひごは何本あればよいでしょうか。〔10点〕

答え＿＿＿＿＿＿＿＿＿＿

11 まわりの長さが96mの池があります。みなとさんは，毎日1回この池のまわりを歩きます。15日間では何m歩くことになりますか。〔10点〕

答え＿＿＿＿＿＿＿＿＿＿

かけ算⑪

1 1ふくろが213円のクッキーを12ふくろ買いました。だい金はぜんぶで何円になりますか。〔5点〕

 しき 213×12＝

答え □ 円

```
  2 1 3
×   1 2
─────────
  4 2 6
2 1 3
─────────
2 5 5 6
```

2 1はこ422円のおまんじゅうが21ぱこあります。だい金はぜんぶで何円になりますか。〔10点〕

 しき

答え

3 みかんを1はこに120こずつ入れます。30ぱこつくるにはみかんは何こあればいいですか。〔10点〕

 しき

答え

4 1本112円のペンを32本買いました。だい金はぜんぶで何円ですか。

〔10点〕

 しき

答え

5 さとうが1ふくろに221gずつ入っています。そのふくろは23ふくろあります。さとうの重さはぜんぶで何kg何gになりますか。〔10点〕

 しき

答え

6 さらさんは1こ589円のボールを12こ買います。だい金はぜんぶで何円になりますか。〔5点〕

 しき 589×12=☐

答え ☐ 円

```
  589
×  12
 1178
 589
 7068
```

7 1さつ247円の本を36さつ買います。本のだい金はぜんぶで何円になりますか。〔10点〕

 しき

答え _____

8 きのう買ったどう話の本を108ページずつ毎日読むと，27日でちょうど読みおえます。この本は何ページありますか。〔10点〕

 しき

答え _____

9 おはじきを1ふくろに128こずつ入れます。58ふくろつくるにはおはじきは何こあればいいですか。〔10点〕

 しき

答え _____

10 1ふくろ345g入りのさとうが28ふくろあります。さとうはぜんぶで何kg何gありますか。〔10点〕

しき

答え _____

11 まわりの長さが196mの池があります。りくとさんは毎日1回この池のまわりを走ります。25日間では何km何m走ったことになりますか。

〔10点〕

しき

答え _____

49 わり算①

答え▶別冊解答
14 ページ

1 あめが12こあります。これを3人で同じ数ずつ分けると，1人分は何こになりますか。〔5点〕

 $12 \div 3 = \boxed{}$ 　　　　答え $\boxed{}$ こ

2 色紙が15まいあります。これを5人で同じ数ずつ分けると，1人分は何まいになりますか。〔5点〕

 $15 \div 5 =$ 　　　　答え　　　まい

3 みかんが12こあります。これを4人で同じ数ずつ分けると，1人分は何こになりますか。〔10点〕

答え

4 いちごが18こあります。これを6人で同じ数ずつ分けると，1人分は何こになりますか。〔10点〕

答え

5 えんぴつが24本あります。これを4人で同じ数ずつ分けると，1人分は何本になりますか。〔10点〕

答え

6 テープが30cmあります。これをどれも同じ長さになるように6本に切ります。1本分の長さを何cmにすればよいでしょうか。〔10点〕

答え ＿＿＿＿＿＿＿＿＿＿

7 チョコレートが32こあります。これを4人で同じ数ずつ分けます。1人分は何こになりますか。〔10点〕

答え ＿＿＿＿＿＿＿＿＿＿

8 重さが18kgのてつのぼうがあります。このてつのぼうを同じ重さになるように2本に切ります。1本の重さは何kgになるでしょうか。〔10点〕

答え ＿＿＿＿＿＿＿＿＿＿

9 おはじきが56こあります。これを7人で同じ数ずつ分けます。1人分は何こになりますか。〔10点〕

答え ＿＿＿＿＿＿＿＿＿＿

10 くりが72こあります。これを8人で同じ数ずつ分けます。1人分は何こになりますか。〔10点〕

答え ＿＿＿＿＿＿＿＿＿＿

11 ジュースが2L 7dLあります。これを3つのいれものに同じかさずつ分けて入れます。1つのいれものに何dLずつ入れたらよいでしょうか。

〔10点〕

答え ＿＿＿＿＿＿＿＿＿＿

とく点

点

答え▶ 別冊解答 14・15ページ

1 あめが12こあります。これを1人に3こずつ分けると，何人に分けることができますか。〔5点〕

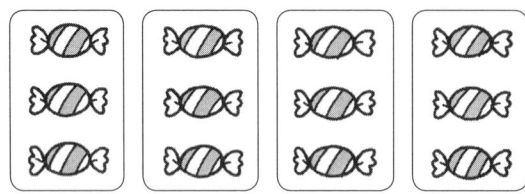

しき $12 \div 3 = \boxed{}$

答え $\boxed{}$ 人

2 色紙が20まいあります。これを1人に4まいずつ分けると，何人に分けることができますか。〔5点〕

しき $20 \div 4 =$

答え 人

3 りんごが18こあります。これを1人に2こずつ分けると，何人に分けることができますか。〔10点〕

しき

答え ____

4 いちごが28こあります。これを1人に4こずつ分けると，何人に分けることができますか。〔10点〕

しき

答え ____

5 えんぴつが24本あります。これを1人に6本ずつ分けると，何人に分けることができますか。〔10点〕

しき

答え ____

6 テープが42cmあります。これを１本の長さが６cmになるように切ると，６cmのテープは何本できますか。〔10点〕

答え _____

7 チョコレートが40こあります。これを１人に５こずつ分けると，何人に分けることができますか。〔10点〕

答え _____

8 36kgのすながあります。このすなを９kgずつふくろに分けて入れると，何ふくろに入れることができますか。〔10点〕

答え _____

9 みかんが48こあります。これを１人に６こずつ分けると，何人に分けることができますか。〔10点〕

答え _____

10 ジュースが１L ８dLあります。これを１つのコップに３dLずつ入れていきます。コップはいくつあればよいでしょうか。〔10点〕

答え _____

11 花が63本あります。これを７本ずつのたばにします。たばはぜんぶで何たばできますか。〔10点〕

答え _____

わり算③

1 色紙が60まいあります。3人で同じ数ずつ分けると1人分は何まいになりますか。〔6点〕

 $60 \div 3 = \boxed{}$　　　答え $\boxed{}$ まい

2 リボンが50cmあります。同じ長さで5本に切り分けると1本は何cmになりますか。〔6点〕

答え _____

3 さとうが90gあります。同じ重さで9ふくろに分けました。1ふくろに何g入っていますか。〔8点〕

答え _____

4 80ページの本があります。4日間で読んでしまうには,1日何ページずつ読めばいいですか。〔8点〕

答え _____

5 おはじきが60こあります。同じ数ずつ2人で分けると1人分は何こになりますか。〔8点〕

答え _____

6 竹ひごが80本あります。同じ数ずつ8人で分けます。1人分は何本になりますか。〔8点〕

答え _____

7 みかんが50こあります。5こずつかごに入れるとかごは何こできますか。〔8点〕

しき

答え

8 ジュースが80dLあります。4dLずつビンにうつすとビンは何本できますか。〔8点〕

しき

答え

9 さとうが60gあります。2gずつ小さいふくろに入れると小さいふくろは何ふくろできますか。〔8点〕

しき

答え

10 ひもが90cmあります。9cmずつに分けるとひもは何本できますか。
〔8点〕

しき

答え

11 色紙が60まいあります。3まいずつたばにすると何たばできますか。
〔8点〕

しき

答え

12 画用紙が80まいあります。2まいずつくばると何人にくばることができますか。〔8点〕

しき

答え

13 70ページの本があります。1時間で7ページ読むと読みおわるまでに何時間かかりますか。〔8点〕

しき

答え

1 おはじきが7こあります。これを2人で同じ数ずつ分けると，1人分は何こになりますか。また，何こあまりますか。〔8点〕

あまり

しき $7 \div 2 = \boxed{}$ あまり $\boxed{}$

答え 1人分は $\boxed{}$ こで，$\boxed{}$ こあまる。

2 色紙が10まいあります。これを3人で同じ数ずつ分けると，1人分は何まいになりますか。また，何まいあまりますか。〔8点〕

しき

答え 1人分は　　まいで，　　まいあまる。

3 りんごが25こあります。これを4人で同じ数ずつ分けると，1人分は何こになりますか。また，何こあまりますか。〔12点〕

答え

4 竹ひごが40本あります。これを6人で同じ数ずつ分けると，1人分は何本になりますか。また，何本あまりますか。〔12点〕

答え

5 えんぴつが50本あります。これを8人で同じ数ずつ分けます。1人分は何本になりますか。また，何本あまりますか。〔12点〕

答え _____

6 くりが60こあります。これを7つのふくろに同じ数ずつ分けて入れます。1ふくろにくりを何こずつ入れればよいでしょうか。また，何こあまりますか。〔12点〕

答え _____

7 あめが48こあります。これを5人で同じ数ずつ分けます。1人分は何こになりますか。また，何こあまりますか。〔12点〕

答え _____

8 75さつのノートを9人で同じ数ずつ分けます。1人分は何さつになりますか。また，何さつあまりますか。〔12点〕

答え _____

9 50まいの切手を6人で同じ数ずつ分けます。1人分は何まいになりますか。また，何まいあまりますか。〔12点〕

答え _____

53 わり算⑤

答え▶別冊解答
15ページ

1 おはじきが20こあります。これを1人に3こずつ分けると，何人に分けられますか。また，何こあまりますか。〔8点〕

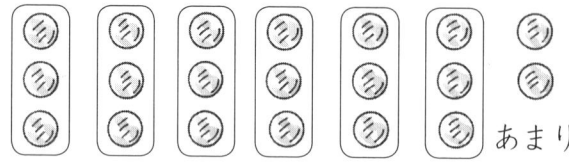
あまり

 $20 \div 3 =$ ☐ あまり ☐

答え ☐ 人に分けられて，☐ こあまる。

2 色紙が22まいあります。これを1人に4まいずつ分けると，何人に分けられますか。また，何まいあまりますか。〔8点〕

 $22 \div 4 =$ あまり

答え 　　人に分けられて，　　まいあまる。

3 バナナが28本あります。これを1人に5本ずつ分けると，何人に分けられますか。また，何本あまりますか。〔12点〕

答え

4 りんごが30こあります。これを1人に7こずつ分けると，何人に分けられますか。また，何こあまりますか。〔12点〕

答え

5 テープが60cmあります。これを１本の長さが８cmになるように切ると，８cmのテープは何本できますか。また，何cmあまりますか。〔12点〕

答え _____

6 竹ひごが55本あります。これを１人に６本ずつ分けると，何人に分けられますか。また，何本あまりますか。〔12点〕

答え _____

7 おかしがぜんぶで60こあります。これを１はこに９こずつ入れると，何はこできますか。また，何こあまりますか。〔12点〕

答え _____

8 70さつのノートを１人に８さつずつ分けます。何人に分けることができますか。また，ノートは何さつあまりますか。〔12点〕

答え _____

9 ジュースが４Lあります。これを６dLずつコップに入れていくと，いくつのコップに入れることができますか。また，何dLあまりますか。

〔12点〕

答え _____

54

わり算⑥

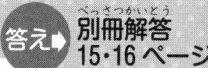

答え▶別冊解答
15・16 ページ

1 17このにもつがあります。これを1回に3こずつはこびます。ぜんぶをはこぶには何回かかりますか。〔10点〕

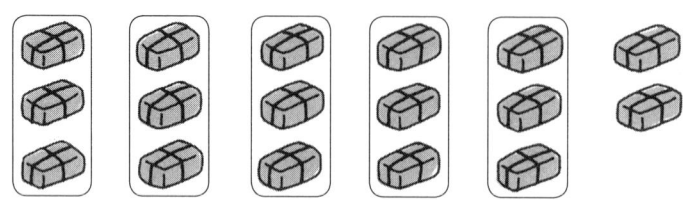

しき $17 \div 3 = 5$ あまり 2

$5 + 1 = 6$

答え ☐ 回

2 19このクッキーがあります。これを1ふくろに4こずつ入れます。ぜんぶのクッキーを入れるには，ふくろは何ふくろあればよいでしょうか。〔10点〕

しき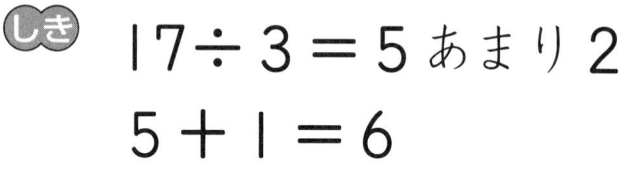

答え _____ ふくろ

3 23このいすがあります。これを1回に4こずつはこびます。ぜんぶをはこぶには何回かかりますか。〔10点〕

しき

答え _____

4 子どもが27人います。5人がけのいすにぜんいんがすわるには，いすは何きゃくあればよいでしょうか。〔10点〕

しき

答え _____

5 りんごが40こあります。これを１はこに６こずつ入れます。ぜんぶの
りんごを入れるには，はこは何はこあればよいでしょうか。〔10点〕

答え _____

6 ４人のりのボートがあります。30人ぜんいんがのるには，ボートは
何そうあればよいでしょうか。〔10点〕

答え _____

7 花が41本あります。これを７本ずつ花びんにさします。ぜんぶの花を
さすには，花びんはいくつあればよいでしょうか。〔10点〕

答え _____

8 38人が，１台の自どう車に５人ずつのります。ぜんいんがのるには，
自どう車は何台あればよいでしょうか。〔10点〕

答え _____

9 ケーキが59こあります。これを１はこに８こずつ入れます。ぜんぶの
ケーキを入れるには，はこは何はこあればよいでしょうか。〔10点〕

答え _____

10 ジュースが２Ｌあります。これを６dLずつコップに入れます。ジュー
スをぜんぶ入れるには，コップはいくつあればよいでしょうか。〔10点〕

答え _____

55

わり算⑦

1 25このりんごを，１はこに６こずつ入れて売ります。何はこ売ること
ができますか。〔10点〕

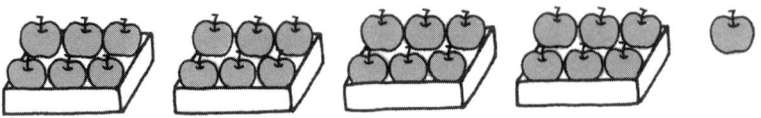

しき　$25 \div 6 = \boxed{}$ あまり $\boxed{}$

答え $\boxed{}$ はこ

2 画びょうが26こあります。１まいの絵をはるのに画びょうを４こつか
います。絵を何まいはることができますか。〔10点〕

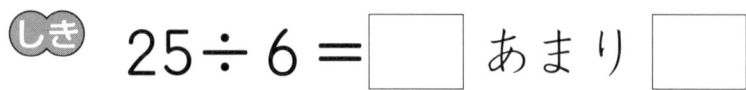

しき　$26 \div 4 =$

答え　　　　　　　まい

3 38このみかんを，１ふくろに５こずつ入れて売ります。何ふくろ売る
ことができますか。〔10点〕

しき

答え

4 はばが28cmの本立てに，あつさが３cmの本を立てていきます。本を
何さつ立てることができますか。〔10点〕

しき

答え

5 30このメロンを，1はこに4こずつ入れて売ります。何はこ売ることができますか。〔10点〕

答え _____

6 画びょうが40こあります。1まいのポスターをはるのに画びょうを6こつかいます。ポスターを何まいはることができますか。〔10点〕

答え _____

7 51このなしを，1ふくろに7こずつ入れて売ります。何ふくろ売ることができますか。〔10点〕

答え _____

8 65このびわを，1はこに8こずつ入れて売ります。何はこ売ることができますか。〔10点〕

答え _____

9 75このクッキーを，1ふくろに9こずつ入れて売ります。何ふくろ売ることができますか。〔10点〕

答え _____

10 はばが46cmの本立てに，あつさが5cmの本を立てていくと，本を何さつ立てることができますか。〔10点〕

答え _____

答え→別冊解答16ページ

1 赤いテープが20m，白いテープが5mあります。赤いテープの長さは，白いテープの長さの何ばいですか。〔5点〕

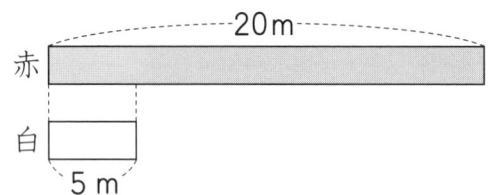

しき 20÷5＝ □　　答え □ ばい

2 赤いボールが18こ，白いボールが6こあります。赤いボールの数は，白いボールの数の何ばいありますか。〔5点〕

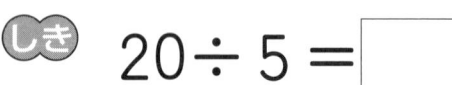

しき 18÷6＝　　答え ばい

3 青いリボンが24cm，赤いリボンが4cmあります。青いリボンの長さは，赤いリボンの長さの何ばいですか。〔10点〕

しき　　答え

4 みかんが35こ，りんごが7こあります。みかんの数は，りんごの数の何ばいありますか。〔10点〕

しき　　答え

5 トマトが30こ，なすが5こあります。トマトの数は，なすの数の何ばいありますか。〔10点〕

しき　　答え

6 ひかりさんは，おはじきを48こもっています。妹は8こもっています。ひかりさんのおはじきの数は，妹のおはじきの数の何ばいですか。〔10点〕

しき

答え _____

7 クッキーが42こ，チョコレートが6こあります。クッキーの数は，チョコレートの数の何ばいありますか。〔10点〕

しき

答え _____

8 赤いバラが45本，白いバラが9本さいています。赤いバラの数は，白いバラの数の何ばいさいていますか。〔10点〕

しき

答え _____

9 ももかさんは，色紙を32まいもっています。あおいさんは8まいもっています。ももかさんの色紙の数は，あおいさんの色紙の数の何ばいですか。〔10点〕

しき

答え _____

10 ビルの高さは28mで，れんさんの家の高さは4mです。ビルの高さは，れんさんの家の高さの何ばいですか。〔10点〕

しき

答え _____

11 おり紙でつるを，ゆうなさんは56わ，妹は7わおりました。ゆうなさんは，つるを妹の何ばいおりましたか。〔10点〕

しき

答え _____

57 わり算⑨

とく点

点

答え➡ 別冊解答 16・17 ページ

 4こで48円のチョコレートがあります。チョコレート1こ分は何円ですか。〔7点〕

（しき） $48 \div 4 = \boxed{}$ 答え $\boxed{}$ 円

 色紙が84まいあります。4人で同じ数ずつ分けると1人分は何まいになりますか。〔7点〕

（しき）

答え _____

 おはじきが68こあります。2人で同じ数ずつ分けると1人分は何こになりますか。〔7点〕

（しき）

答え _____

 さとうが96gあります。同じ重さで3ふくろに分けると1ふくろは何gになりますか。〔7点〕

（しき）

答え _____

 リボンが55cmあります。同じ長さで5本に切り分けると1本は何cmになりますか。〔8点〕

（しき）

答え _____

 みかんが39こあります。3人で同じ数ずつ分けます。1人分は何こになりますか。〔8点〕

（しき）

答え _____

7 ジュースが33dLあります。3dLずつビンにうつすとビンは何本できますか。〔8点〕

しき

答え _____

8 さとうが66gあります。3gずつ小さいふくろに入れるとふくろは何ふくろできますか。〔8点〕

しき

答え _____

9 ひもが69cmあります。3cmずつ切り分けるとひもは何本できますか。
〔10点〕

答え _____

10 竹ひごが96本あります。3本ずつたばにすると何たばできますか。
〔10点〕

しき

答え _____

11 86まいの画用紙を2まいずつくばります。何人にくばることができますか。〔10点〕

しき

答え _____

12 りんごが42こあります。2こずつかごに入れるとかごは何こできますか。〔10点〕

答え _____

かけ算と
わり算のまとめ

1 １まい７円の画用紙を40まい買おうと思います。ぜんぶで何円になりますか。〔8点〕

しき

答え _____

2 りんごが24こあります。これを８人で同じ数ずつ分けると，１人分は何こになりますか。〔8点〕

しき

答え _____

3 １さつが124円のノートを４さつ買います。だい金はぜんぶで何円になりますか。〔8点〕

しき

答え _____

4 えんぴつが48本あります。これを１人に６本ずつ分けると，何人に分けることができますか。〔8点〕

しき

答え _____

5 赤い色紙が15まいあります。青い色紙は３まいです。赤い色紙のまい数は青い色紙の何ばいですか。〔8点〕

しき

答え _____

6 絵本１さつの重さは145ｇです。図かん１さつの重さは絵本１さつの重さの３倍です。図かん１さつの重さは何ｇですか。〔10点〕

しき

答え _____

7 いつきさんは，1さつ207円の本を3さつ買いました。だい金は何円になりますか。〔10点〕

 しき

答え _____

8 えんぴつを1人に15本ずつくばります。24人にくばるには，えんぴつは何本あればよいでしょうか。〔10点〕

 しき

答え _____

9 りんご1このねだんは52円だそうです。このりんご38このだい金は何円になりますか。〔10点〕

 しき

答え _____

10 くりが60こあります。これを1人に7こずつ分けると，何人に分けられますか。また，くりは何こあまりますか。〔10点〕

 しき

答え _____

11 子どもが45人います。6人がけのいすにぜんいんがすわるには，いすは何きゃくあればよいでしょうか。〔10点〕

 しき

答え _____

ひとやすみ

◆かくれた数字

　右のたし算で△，□，○の数字がきえてしまいました。数字がきえる前は，どんなたし算だったでしょうか。（同じしるしには同じ数字が入ります。）

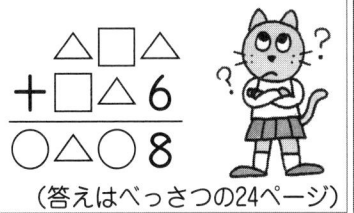

（答えはべっさつの24ページ）

59 □をつかったしき①

答え▶別冊解答17ページ

1 あかりさんは，お金をいくらかもっています。きょうお母さんに50円もらったので，ぜんぶで150円になりました。はじめにもっていたお金を□円としてたし算のしきに書きましょう。〔8点〕

しき □ ＋ 50 ＝ 150

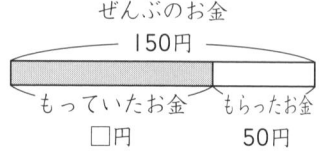

2 さくらさんは，お金をいくらかもっています。きょうお母さんに60円もらったので，ぜんぶで130円になりました。はじめにもっていたお金を□円としてたし算のしきに書きましょう。〔8点〕

しき

3 そうたさんは，お金をいくらかもっています。きょうお母さんに80円もらったので，ぜんぶで170円になりました。はじめにもっていたお金を□円としてたし算のしきに書きましょう。また，□をもとめるしきになおして，はじめにもっていたお金をもとめましょう。〔14点〕

しき □＋80＝170

170－80＝

答え　　　　　円

4 つむぎさんは，おはじきを何こかもっています。お姉さんに25こもらったのでちょうど50こになりました。はじめにもっていたおはじきの数を□ことしてたし算のしきに書きましょう。また，□をもとめるしきになおして，はじめにもっていたおはじきの数をもとめましょう。〔14点〕

しき

答え

5 ゆづきさんは，毛糸でひもをあんでいます。きょう26cmあんだので，ぜんたいの長さが60cmになりました。はじめのひもの長さを□cmとしてたし算のしきに書きましょう。また，□をもとめるしきになおして，はじめのひもの長さをもとめましょう。〔14点〕

しき

　　　　　　　　　　　　　　　　　　　　　　　　答え

6 えき前のていりゅうじょで，バスに12人のってきました。バスにのっている人は，ぜんぶで38人になりました。はじめにのっていた人の数を□人としてたし算のしきに書きましょう。また，□をもとめるしきになおして，はじめにのっていた人の数をもとめましょう。〔14点〕

しき

　　　　　　　　　　　　　　　　　　　　　　　　答え

7 公園で子どもたちがあそんでいます。13人があそびに来たので，ぜんぶで52人になりました。はじめにあそんでいた子どもの数を□人としてたし算のしきに書きましょう。また，□をもとめるしきになおして，はじめにあそんでいた子どもの数をもとめましょう。〔14点〕

しき

　　　　　　　　　　　　　　　　　　　　　　　　答え

8 たまごが何こかありました。きょう，にわとりがたまごを152こうんだので，ぜんぶで182こになりました。はじめにたまごはいくつあったでしょうか。はじめにあったたまごの数を□ことしてたし算のしきに書きましょう。また，□をもとめるしきになおして，答えをもとめましょう。

〔14点〕

しき

　　　　　　　　　　　　　　　　　　　　　　　　答え

□をつかったしき②

1 ひまりさんは，これまでに毛糸でひもを57cmあみました。きょう，何cmかあんだので，ぜんたいの長さが64cmになりました。きょうあんだ長さを□cmとしてたし算のしきに書きましょう。〔8点〕

| はじめの長さ | + | きょうあんだ長さ | = | ぜんたいの長さ |

ぜんたいの長さ
64cm
はじめの長さ57cm
きょうあんだ長さ□cm

しき 57 ＋ □ ＝ 64

2 いろはさんは，おはじきを43こもっています。きょう，ももかさんに何こかもらったので，ぜんぶで91こになりました。もらったおはじきの数を□ことしてたし算のしきに書きましょう。〔8点〕

しき

3 ふろに水が46L入っていました。ゆうまさんがあとから何Lか入れたので，ふろの水はぜんぶで90Lになりました。ゆうまさんが入れた水のりょうを□Lとしてたし算のしきに書きましょう。また，□をもとめるしきになおして，ゆうまさんが入れた水のりょうをもとめましょう。〔14点〕

しき 46＋□＝90

90－46＝

答え   L

4 バスにおきゃくさんが23人のっていました。ていりゅうじょで何人かのってきたので，おきゃくさんはぜんぶで45人になりました。あとからのってきたおきゃくさんの数を□人としてたし算のしきに書きましょう。また，□をもとめるしきになおして，あとからのってきたおきゃくさんの数をもとめましょう。〔14点〕

しき

答え

5 りんさんは，色紙を25まいもっていました。きょうお姉さんに何まいかもらったので，ぜんぶで42まいになりました。もらった色紙のまい数を□まいとしてたし算のしきに書きましょう。また，□をもとめるしきになおして，もらった色紙のまい数をもとめましょう。〔14点〕

しき

答え

6 18わのはとが，えさを食べていました。そこへ，何わかとんできたので，はとはぜんぶで26わになりました。とんできたはとの数を□わとしてたし算のしきに書きましょう。また，□をもとめるしきになおして，とんできたはとの数をもとめましょう。〔14点〕

しき

答え

7 かんなさんは，おはじきを35こもっています。きょう，お姉さんに何こかもらったので，ぜんぶで53こになりました。もらったおはじきの数は何こでしょうか。もらったおはじきの数を□ことしてたし算のしきに書きましょう。また，□をもとめるしきになおして，答えをもとめましょう。〔14点〕

しき

答え

8 池であひるが15わあそんでいました。そこへ何わか来たので，ぜんぶで21わになりました。あとから来たあひるは何わでしょうか。あとから来たあひるの数を□わとしてたし算のしきに書きましょう。また，□をもとめるしきになおして，答えをもとめましょう。〔14点〕

しき

答え

答え▶ 別冊解答 17・18 ページ

1 りょうまさんは，おこづかいをいくらかもっています。きょう，50円つかったので，のこりが150円になりました。はじめにもっていたお金を□円としてひき算のしきに書きましょう。〔8点〕

しき　□ － 50 ＝ 150

2 たくみさんは，えんぴつを何本かもっていました。きょう，はるとさんに6本あげたので，37本になりました。たくみさんがはじめにもっていたえんぴつの数を□本として，ひき算のしきに書きましょう。〔8点〕

3 ゆうなさんは，お金をいくらかもっています。きょう，45円つかったので，のこりが170円になりました。はじめにもっていたお金を□円としてひき算のしきに書きましょう。また，□をもとめるしきになおして，はじめにもっていたお金をもとめましょう。〔14点〕

しき　□－45＝170

170＋45＝

答え　　　　　円

4 さきさんはシールを何まいかもっていました。妹に15まいあげたので，42まいになりました。さきさんがはじめにもっていたシールのまい数を□まいとしてひき算のしきに書きましょう。また，□をもとめるしきになおして，さきさんがはじめにもっていたシールのまい数をもとめましょう。〔14点〕

答え

5 いちかさんは，色紙を何まいかもっています。きょう，12まいつかったので，のこりが18まいになりました。はじめにもっていた色紙のまい数を□まいとしてひき算のしきに書きましょう。また，□をもとめるしきになおして，はじめにもっていた色紙のまい数をもとめましょう。〔14点〕

しき

_____

答え _____

_____

6 はとが，えさを食べていました。そのうち8わがとんでいったので，15わになりました。はじめにはとは何わいましたか。はじめにいたはとの数を□わとしてひき算のしきに書きましょう。また，□をもとめるしきになおして，答えをもとめましょう。〔14点〕

しき

_____

答え _____

_____

7 みつきさんは，えんぴつを何本かもっていました。きょう，妹に9本あげたので，26本になりました。みつきさんがはじめにもっていたえんぴつの数は何本ですか。みつきさんがはじめにもっていたえんぴつの数を□本としてひき算のしきに書きましょう。また，□をもとめるしきになおして，答えをもとめましょう。〔14点〕

しき

_____

答え _____

_____

8 かいとさんは，竹ひごを何本かもっています。きょう，15本つかったので，のこりが16本になりました。はじめに何本もっていましたか。はじめにもっていた竹ひごの数を□本としてひき算のしきに書きましょう。また，□をもとめるしきになおして，答えをもとめましょう。〔14点〕

しき

_____

答え _____

_____

1 しおりさんは，リボンを52cmもっています。きょう，友だちに何cmかあげたので，のこりが35cmになりました。友だちにあげた長さを□cmとしてひき算のしきに書きましょう。〔8点〕

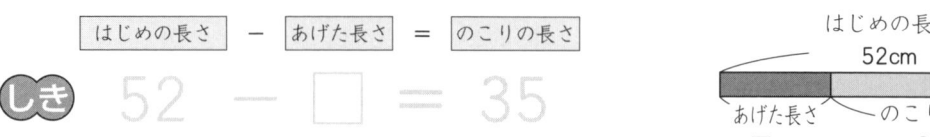

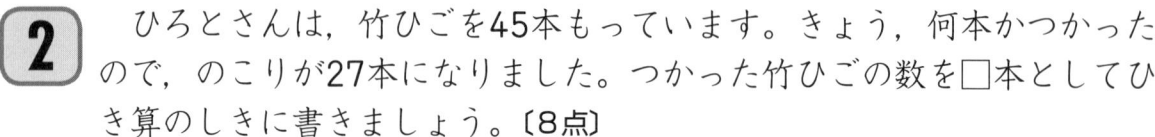

2 ひろとさんは，竹ひごを45本もっています。きょう，何本かつかったので，のこりが27本になりました。つかった竹ひごの数を□本としてひき算のしきに書きましょう。〔8点〕

3 さなさんはリボンを64cmもっています。きょう，友だちに何cmかあげたので，のこりが35cmになりました。友だちにあげた長さを□cmとしてひき算のしきに書きましょう。〔12点〕

4 そうまさんは，1000円もって本やさんに行きました。どう話の本を買ったら，のこりが125円になりました。本のねだんを□円としてひき算のしきに書きましょう。〔12点〕

5 ある店に，ジュースが82本ありました。きょう，何本か売れたので，のこりが34本になりました。売れたジュースの数を□本としてひき算のしきに書きましょう。〔12点〕

6 ジュースが300mLありました。きょう，何mLかのんだので，のこりが85mLになりました。のんだジュースのりょうを□mLとしてひき算のしきに書きましょう。〔12点〕

（しき）

_____

7 めいさんは，えんぴつを25本もっていました。きょう，妹に何本かあげたので，のこりが18本になりました。妹にあげたえんぴつの数を□本としてひき算のしきに書きましょう。また，□をもとめるしきになおして，妹にあげたえんぴつの数をもとめましょう。〔12点〕

（しき） 25－□＝18

_____

25－18＝

答え　　　　　　本

_____

8 えいたさんは，600円もっておかしやさんに行きました。ケーキを買ったら，のこりが270円になりました。ケーキのねだんは何円でしたか。ケーキのねだんを□円としてひき算のしきに書きましょう。また，□をもとめるしきになおして，答えをもとめましょう。〔12点〕

（しき） 600－□＝

_____

答え

_____

9 お母さんは，1500円もってすいかを買いに行きました。何円かのすいかを買ったら，のこりが160円になりました。すいかのねだんは何円でしたか。すいかのねだんを□円としてひき算のしきに書きましょう。また，□をもとめるしきになおして，答えをもとめましょう。〔12点〕

（しき）

_____

答え

_____

1 あさひさんは，同じねだんのノートを4さつ買って360円はらいました。ノート1さつのねだんを□円としてかけ算のしきに書きましょう。〔8点〕

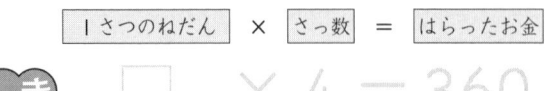

しき □ × 4 ＝ 360

2 お母さんは，同じねだんのみかんを8こ買って320円はらいました。みかん1このねだんを□円としてかけ算のしきに書きましょう。〔8点〕

3 ひなたさんは，同じねだんのノートを5さつ買って450円はらいました。ノート1さつのねだんを□円としてかけ算のしきに書きましょう。また，□をもとめるしきになおして，ノート1さつのねだんをもとめましょう。〔14点〕

 □ × 5 ＝ 450

450 ÷ 5 ＝

答え　　　　　　　円

4 ゆうとさんは，花を同じ本数ずつたばにしています。7たばつくるのに花を63本つかいました。1たばの本数を□本としてかけ算のしきに書きましょう。また，□をもとめるしきになおして，1たばの本数をもとめましょう。〔14点〕

答え

5 みゆさんは，同じねだんのジュースを6本買って540円はらいました。ジュース1本のねだんを□円としてかけ算のしきに書きましょう。また，□をもとめるしきになおして，ジュース1本のねだんをもとめましょう。〔14点〕

しき

_____

答え

6 りこさんは，同じしゅるいのびん入りシロップを4本買いました。シロップはぜんぶで200mLあるそうです。1本のりょうは何mLでしたか。1本のりょうを□mLとしてかけ算のしきに書きましょう。また，□をもとめるしきになおして，答えをもとめましょう。〔14点〕

しき

_____

答え

7 同じ重さのねん土のかたまりがあります。8このおも重さをはかったら，480gありました。ねん土のかたまり1この重さは何gですか。このねん土のかたまり1この重さを□gとしてかけ算のしきに書きましょう。また，□をもとめるしきになおして，答えをもとめましょう。〔14点〕

しき

_____

答え

8 同じりょうずつしょうゆが入ったびんが3つあります。しょうゆのりょうはぜんぶで90mLだそうです。1つのびんのしょうゆのりょうは何mLですか。1つのびんのしょうゆのりょうを□mLとしてかけ算のしきに書きましょう。また，□をもとめるしきになおして，答えをもとめましょう。〔14点〕

しき

_____

答え

64 □をつかったしき⑥

答え➡別冊解答 18ページ

1 1まい8円の色紙を何まいか買ったら，だい金は72円でした。色紙の まい数を□まいとしてかけ算のしきに書きましょう。〔8点〕

 1まいのねだん × まい数 ＝ ぜんぶのだい金

しき 8 × □ = 72

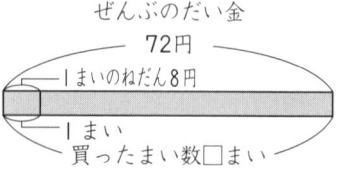

2 れんさんは，1まい5円の切手を何まいか買ったら，だい金は35円で した。切手のまい数を□まいとしてかけ算のしきに書きましょう。〔8点〕

しき

3 1まい6円の色紙を何まいか買ったら，だい金は180円でした。色紙 のまい数を□まいとしてかけ算のしきに書きましょう。また，□をもと めるしきになおして，色紙のまい数をもとめましょう。〔14点〕

しき 6×□＝180

180÷6＝

答え まい

4 1ふくろに6こずつ入ったみかんがあります。これを何ふくろか買っ て，ぜんぶで120こにしたいと思います。ふくろの数を□ふくろとして かけ算のしきに書きましょう。また，□をもとめるしきになおして，ふ くろの数をもとめましょう。〔14点〕

しき

答え

5 1はこに8こずつ入っているチョコレートが何はこかあります。チョコレートはぜんぶで64こあるそうです。はこの数を□はことしてかけ算のしきに書きましょう。また，□をもとめるしきになおして，はこの数をもとめましょう。〔14点〕

しき

_____

　　　　　　　　　　　　　　　　　　　　　　答え _____

6 1たば7本ずつの花たばが何たばかあります。花はぜんぶで210本あるそうです。花たばは何たばありますか。花たばの数を□たばとしてかけ算のしきに書きましょう。また，□をもとめるしきになおして，答えをもとめましょう。〔14点〕

しき

_____

　　　　　　　　　　　　　　　　　　　　　　答え _____

7 1本5円の竹ひごを何本か買ったら，だい金は100円でした。何本の竹ひごを買いましたか。買った竹ひごの本数を□本としてかけ算のしきに書きましょう。また，□をもとめるしきになおして，答えをもとめましょう。〔14点〕

しき

_____

　　　　　　　　　　　　　　　　　　　　　　答え _____

8 1つのかんにあぶらを2Lずつ入れています。ちょうどぜんぶで140L入れました。あぶらが入ったかんは何かんできましたか。かんの数を□かんとしてかけ算のしきに書きましょう。また，□をもとめるしきになおして，答えをもとめましょう。〔14点〕

しき

_____

　　　　　　　　　　　　　　　　　　　　　　答え _____

65 □をつかったしき⑦

とく点

点

答え➡ 別冊解答
18・19ページ

1 みかんがいくつかありました。１人に３こずつくばったら，ちょうど
９人にくばることができました。みかんぜんぶの数を□ことしてわり算
のしきに書きましょう。〔8点〕

 ÷ = 人数

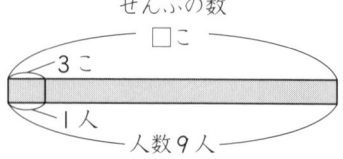

ぜんぶの数
□こ
3こ
1人
人数9人

しき □ ÷ 3 = 9

2 ノートが何さつかあります。６人にくばったら，１人分がちょうど
３さつになりました。ノートぜんぶのさっ数を□さつとしてわり算のし
きに書きましょう。〔8点〕

しき

3 みかんがいくつかありました。１人に４こずつくばったら，ちょうど
８人にくばることができました。みかんぜんぶの数を□ことしてわり算
のしきに書きましょう。また，□をもとめるしきになおして，みかんぜ
んぶの数をもとめましょう。〔14点〕

しき □ ÷ 4 = 8

4 × 8 =

答え

4 あるテープを１つ７cmずつに切ったら，ちょうど６つになりました。
はじめにあったテープの長さを□cmとしてわり算のしきに書きましょう。
また，□をもとめるしきになおして，はじめにあったテープの長さをも
とめましょう。〔14点〕

しき

答え

5 きくの花が何本かありました。これを1たば7本ずつのたばにしたら，ちょうど7たばできました。きくの花ぜんぶの本数を□本としてわり算のしきに書きましょう。また，□をもとめるしきになおして，きくの花ぜんぶの本数をもとめましょう。〔14点〕

しき

_____

答え _____

6 米が何kgかあります。これを5kgずつふくろに入れていったら，ちょうど7ふくろできました。米はぜんぶで何kgありますか。米ぜんぶの重さを□kgとしてわり算のしきに書きましょう。また，□をもとめるしきになおして，答えをもとめましょう。〔14点〕

しき

_____

答え _____

7 何まいかあった色紙を8人にくばったら，ちょうど1人8まいずつになりました。はじめに色紙は何まいありましたか。はじめにあった色紙の数を□まいとしてわり算のしきに書きましょう。また，□をもとめるしきになおして，答えをもとめましょう。〔14点〕

しき

_____

答え _____

8 かきが何こかありました。6人にくばったら，1人分がちょうど10こになりました。はじめにかきは何こありましたか。はじめにあったかきの数を□ことしてわり算のしきに書きましょう。また，□をもとめるしきになおして，答えをもとめましょう。〔14点〕

しき

_____

答え _____

1 36きゃくのいすを同じ数ずつ何人かではこびます。1人が6きゃくずつはこぶと, ちょうどぜんぶはこびおわるそうです。はこぶ人の数を□人としてわり算のしきに書きましょう。〔8点〕

ぜんぶのいすの数
36きゃく
6きゃく
1人
人数□人

| ぜんぶのいすの数 | ÷ | 人数 | = | 1人がはこぶいすの数 |

しき  36 ÷ □ = 6

2 40mのひもを同じ長さに何本かに切ったら, 1本分が8mになりました。できたひもの本数を□本としてわり算のしきに書きましょう。

〔8点〕

しき

3 画用紙が30まいあります。1人に同じまい数ずつくばると, ちょうど5人にくばることができるそうです。1人分の画用紙のまい数を□まいとしてわり算のしきに書きましょう。〔12点〕

しき

4 チューリップのきゅうこんが56こあります。1つのプランターに同じ数ずつうえると, プランターがちょうど7ついるそうです。1つのプランターにうえるきゅうこんの数を□ことしてわり算のしきに書きましょう。〔12点〕

しき

5 牛にゅうが28Lあります。何人かで同じりょうずつ分けたら, 1人分が4Lになりました。分けた人の数を□人としてわり算のしきに書きましょう。〔12点〕

しき

6 米が36kgあります。これを1ふくろの重さが同じになるように分けて入れると, ちょうど9ふくろになるそうです。1ふくろに入れる米の重さを□kgとしてわり算のしきに書きましょう。〔12点〕

(しき)

_____

7 32きゃくのいすを同じ数ずつ何人かではこびます。1人が4きゃくはこぶと, ちょうどぜんぶはこびおわるそうです。はこぶ人の数を□人としてわり算のしきに書きましょう。また, □をもとめるしきになおして, はこぶ人の数をもとめましょう。〔12点〕

(しき) $32 ÷ □ = 4$

_____

$32 ÷ 4 =$

答え　　　　　　人

_____

8 かきが56こあります。これを1人に同じ数ずつくばったら, ちょうど8人にくばることができたそうです。1人に何こずつくばりましたか。1人にくばったかきの数を□ことしてわり算のしきに書きましょう。また, □をもとめるしきになおして, 答えをもとめましょう。〔12点〕

(しき)

_____

答え

_____

9 キャラメルが63こあります。何人かで同じ数ずつ分けたら, 1人分がちょうど7こになりました。キャラメルを分けた人数は何人ですか。分けた人の数を□人としてわり算のしきに書きましょう。また, □をもとめるしきになおして, 答えをもとめましょう。〔12点〕

(しき)

_____

答え

_____

いろいろな もんだい①

答え→ 別冊解答 19ページ

1 あめが何こかありました。そのうちの3こを食べ，また4こ食べたので，のこりは6こになりました。〔1もん8点〕

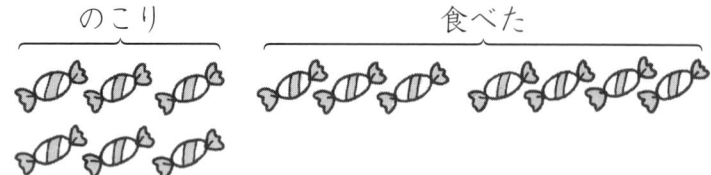

① 食べたあめは，ぜんぶで何こですか。

しき $3 + 4 = \boxed{}$

答え $\boxed{}$ こ

② あめは，はじめに何こありましたか。

しき $6 + \boxed{} = \boxed{}$

答え $\boxed{}$ こ

2 はとが何わかいました。そのうちの4わがとんでいき，また5わがとんでいったので，のこりは8わになりました。〔1もん8点〕

① とんでいったはとは，ぜんぶで何わですか。

しき $4 + 5 =$

答え わ

② はとは，はじめに何わいましたか。

しき

答え

3 ちゅう車場に車が何台かとまっていました。そのうちの6台が出ていき，また7台が出ていったので，のこりは9台になりました。車は，はじめに何台とまっていましたか。〔12点〕

しき

答え

4 かほさんは，色紙をお姉さんから5まい，お兄さんから3まいもらいました。また，お母さんからも何まいかもらったので，もらった色紙は，ぜんぶで12まいになりました。〔1もん8点〕

① お姉さんとお兄さんからもらった色紙はあわせて何まいですか。

 5＋3＝

答え　　　　　まい

② お母さんからもらった色紙は何まいですか。

答え

5 公園で，男の子が8人，女の子が5人あそんでいました。そこへ，女の子が何人か来たので，子どもはぜんぶで16人になりました。〔1もん8点〕

① はじめに公園であそんでいた子どもは何人ですか。

答え

② あとから来た女の子は何人ですか。

答え

6 チョコレートとあめを買いに行きました。チョコレートは50円，あめは40円でした。ガムもほしくなって買ったら，みんなで120円になりました。ガムは何円でしたか。〔12点〕

答え

7 ノートとえんぴつを買いに行きました。ノートは80円，えんぴつは50円でした。けしゴムもほしくなって買ったら，みんなで160円になりました。けしゴムは何円でしたか。〔12点〕

答え

とく点

点

答え▶ 別冊解答
19 ページ

1 １まい５円の色紙が１ふくろに４まいずつ入っています。２ふくろ買うと，だい金は何円になりますか。〔10点〕

しき　５×４×２＝□　　　答え □ 円

2 １たばが６まいの色紙を，１人に２たばずつ５人にくばります。色紙はぜんぶで何まいくばることになりますか。〔10点〕

しき　6×2×5＝　　　答え まい

3 １まい８円の画用紙が５まいで１組になっています。２組買うと，だい金は何円になりますか。〔10点〕

しき

答え

4 １つの長いすに４人ずつすわります。長いすが２きゃくずつ，３れつならんでいます。ぜんぶで何人すわることができますか。〔10点〕

しき

答え

5 １こ12円のあめが１ふくろに３こずつ入っています。５ふくろ買うと，だい金は何円になりますか。〔10点〕

しき

答え

6 ひなさんは毛糸でひもを4cmあみました。あおいさんはひなさんの3ばい，さくらさんはあおいさんの2ばいの長さのひもをあみました。さくらさんは，ひもを何cmあみましたか。〔10点〕

答え＿＿＿＿＿＿＿

7 大，中，小の3しゅるいのはこがあります。小のはこにはケーキが3こ入ります。中のはこには小のはこの4ばい，大のはこには中のはこの3ばい入ります。大のはこにはケーキが何こ入りますか。〔10点〕

答え＿＿＿＿＿＿＿

8 そらさんはシールを8まいもっています。えいとさんはそらさんの2ばい，ゆうきさんはえいとさんの4ばいの数のシールをもっています。ゆうきさんは，シールを何まいもっていますか。〔10点〕

答え＿＿＿＿＿＿＿

9 しょうまさんは，かぜをひいたので，くすりを1回に2こずつ，1日に3回のみます。6日間では何このむことになりますか。〔10点〕

答え＿＿＿＿＿＿＿

10 こはるさんは，かぜのくすりを1回に3こずつ，1日に3回のみます。5日間では何このむことになりますか。〔10点〕

答え＿＿＿＿＿＿＿

いろいろな もんだい③

1 1ふくろに4こずつ入ったみかんが3ふくろあります。きょう，となりからみかんを6こもらいました。みかんはぜんぶで何こになりましたか。〔10点〕

しき 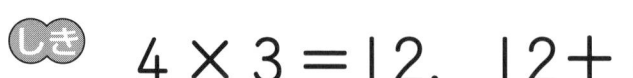 4×3＝12，　12＋6＝ ☐

答え ☐ こ

2 1たばが6まいの画用紙を4たばもっています。きょう，お姉さんから画用紙を5まいもらいました。画用紙はぜんぶで何まいになりましたか。〔10点〕

しき  6×4＝

答え まい

3 1はこに9こずつ入ったりんごが4はこあります。きょう，となりからりんごを8こもらいました。りんごはぜんぶで何こになりましたか。
〔10点〕

しき

答え

4 えんぴつが6本ありました。きょう，お父さんからえんぴつを2ダースもらいました。えんぴつはぜんぶで何本になりましたか。〔10点〕

しき

答え

5 くりが15こありました。きょう，1ふくろに6こずつ入ったくりを5ふくろもらいました。くりはぜんぶで何こになりましたか。〔10点〕

しき

答え

6 1ふくろに4こずつ入ったみかんが5ふくろあります。きょう，この みかんを7こ食べました。みかんは何このこっていますか。〔10点〕

 $4 \times 5 = 20, \quad 20 - 7 = \boxed{}$

答え　$\boxed{}$ こ

7 1たば6まいの色紙が8たばあります。きょう，この色紙を9まいつ かいました。色紙は何まいのこっていますか。〔10点〕

 $6 \times 8 =$

答え　　　　まい

8 えんぴつが2ダースあります。きょう，このえんぴつを6本弟にあげ ました。えんぴつは何本のこっていますか。〔10点〕

答え

9 1はこに14こずつ入ったりんごが3はこあります。きょう，このりん ごを6こ食べました。りんごは何このこっていますか。〔10点〕

答え

10 1はこに24本ずつ入ったジュースが2はこあります。きょう，この ジュースを5本のみました。ジュースは何本のこっていますか。〔10点〕

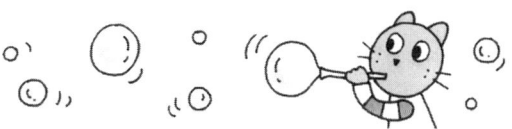

答え

1 みかんが20こあります。そのみかんを3こずつ6人にくばりました。みかんは何このこっていますか。〔8点〕

 しき　3 × 6 ＝

答え

2 キャラメルが40こあります。そのキャラメルを4こずつ9人にくばりました。キャラメルは何このこっていますか。〔8点〕

 しき

答え

3 1こ15円のあめを6こ買いました。100円出すと，おつりは何円ですか。〔8点〕

 しき

答え

4 1000円をもって買いものに行きました。1さつ120円のノートを6さつ買うと，のこりは何円ですか。〔8点〕

 しき

答え

5 3mのリボンがあります。このリボンから，1本が17cmのリボンを13本切りとりました。リボンは何cmのこっていますか。〔8点〕

 しき

答え

6 みかんが8こありました。きょう，1ふくろに4こずつ入ったみかんを5ふくろもらいました。みかんはぜんぶで何こになりましたか。〔10点〕

 しき

答え _____

7 あめが30こありました。そのあめを4こずつ6人にくばりました。あめは何このこっていますか。〔10点〕

 しき

答え _____

8 1たば8まいの色紙が4たばあります。きょう，この色紙を7まいつかいました。色紙は何まいのこっていますか。〔10点〕

 しき

答え _____

9 だいちさんは，1こ25円のけしゴムを4こと80円のえんぴつを1本買いました。だい金はぜんぶで何円ですか。〔10点〕

 しき

答え _____

10 ひなたさんは，130円のノートを1さつと1本50円のえんぴつを3本買いました。だい金はぜんぶで何円ですか。〔10点〕

 しき

答え _____

11 1本90円のえんぴつを6本買いました。1000円出すと，おつりは何円ですか。〔10点〕

 しき

答え _____

1 15本のえんぴつを，あおとさんたち兄弟3人で同じ数ずつ分けました。あおとさんは，あとでおじさんからえんぴつを4本もらいました。あおとさんのもっているえんぴつは何本になりましたか。〔10点〕

しき　15÷3＝5，　5＋4＝□

答え □本

2 24このおはじきを，みおさんたち4人で同じ数ずつ分けました。みおさんは，あとでお姉さんからおはじきを5こもらいました。みおさんのもっているおはじきは何こになりましたか。〔10点〕

しき　24÷4＝

答え

3 ゆうせいさんは，画用紙を7まいもっています。お父さんからもらった18まいの画用紙を，ゆうせいさんたち兄弟3人で同じ数ずつ分けました。ゆうせいさんのもっている画用紙は何まいになりましたか。〔12点〕

答え

4 さらさんは，あめを15こもっています。さらさんたち6人は48このあめをもらって同じ数ずつ分けました。さらさんのもっているあめは何こになりましたか。〔12点〕

答え

5 24まいの色紙を，ひかりさんたち4人で同じ数ずつ分けました。ひかりさんは，そのうちの2まいをつかいました。ひかりさんのもっている色紙は何まいになりましたか。〔10点〕

 $24 \div 4 = 6, \quad 6 - 2 = \boxed{}$

答え $\boxed{}$ まい

6 27このあめを，りくさんたち3人で同じ数ずつ分けました。りくさんは，そのうちの3こを食べました。りくさんのもっているあめは何こになりましたか。〔10点〕

 $27 \div 3 =$

答え

7 35このおはじきを，かのんさんたち5人で同じ数ずつ分けました。かのんさんは，そのうちの3こを妹にあげました。かのんさんのもっているおはじきは何こになりましたか。〔12点〕

答え

8 42まいの画用紙を，そうたさんたち6人で同じ数ずつ分けました。そうたさんは，そのうちの4まいをつかいました。そうたさんのもっている画用紙は何まいになりましたか。〔12点〕

しき

答え

9 63このいちごを，めいさんたち9人で同じ数ずつ分けました。めいさんは，そのうちの5こを食べました。めいさんのもっているいちごは何こになりましたか。〔12点〕

しき

答え

72 いろいろな もんだい⑥

とく点

点

答え➡別冊解答
20・21 ページ

1 はなさんは色紙を30まいもっています。これを5まいずつたばにしました。そのうちの2たばを妹にあげました。色紙は何たばのこっていますか。〔10点〕

答え _____

2 みかんが32こあります。これを4こずつふくろに分けました。そのうちの3ふくろをとなりの家にあげました。みかんは何ふくろのこっていますか。〔10点〕

答え _____

3 いつきさんはシールを54まいもっています。これを6まいずつふくろに入れました。そのうちの4ふくろを弟にあげました。シールは何ふくろのこっていますか。〔10点〕

答え _____

4 パンを35こやきました。これを5こずつふくろに入れて売りました。そのうち6ふくろが売れました。パンは何ふくろのこっていますか。

〔10点〕

答え _____

5 りんごが72こあります。これを9こずつはこに入れて売りました。そのうち5はこが売れました。売れずにのこっているりんごは何はこですか。〔10点〕

答え _____

6 18まいの色紙を，ひまりさんたち3人で同じ数ずつ分けました。ひまりさんは，あとでお母さんから色紙を7まいもらいました。ひまりさんのもっている色紙は何まいになりましたか。〔10点〕

答え _____

7 32このくりを，ゆうとさんたち4人で同じ数ずつ分けました。ゆうとさんは，そのうちの5こを食べました。ゆうとさんのもっているくりは何こになりましたか。〔10点〕

答え _____

8 あんなさんは，えんぴつを5本もっています。お母さんからもらった1ダースのえんぴつを，お姉さんと2人で同じ数ずつ分けました。あんなさんのもっているえんぴつは何本になりましたか。〔10点〕

答え _____

9 ゆあさんはおはじきを40こもっています。これを5こずつふくろに入れました。そのうちの2ふくろを妹にあげました。ゆあさんのおはじきは何ふくろになりましたか。〔10点〕

答え _____

10 48まいの色紙を，りょうまさんたち8人で同じ数ずつ分けました。りょうまさんは，そのうちの4まいをつかいました。りょうまさんのもっている色紙は何まいになりましたか。〔10点〕

答え _____

73 いろいろな もんだい⑦

1 １こ40円のけしゴムを２こと，１本60円のえんぴつを３本買いました。だい金はぜんぶで何円ですか。〔8点〕

しき 40×2＝80，60×3＝180

80＋180＝ [　　]

答え [　　] 円

2 １こ40円のけしゴムを３こと，１さつ90円のノートを２さつ買いました。だい金はぜんぶで何円ですか。〔10点〕

しき 40×3＝

答え 　　　　円

3 １まい30円の画用紙を５まいと，１たば60円の色紙を６たば買いました。だい金はぜんぶで何円ですか。〔10点〕

しき

答え

4 １こ90円のりんごを４こと，１こ30円のみかんを８こ買いました。だい金はぜんぶで何円ですか。〔10点〕

しき

答え

5 １本80円のえんぴつを６本と，１こ40円のけしゴムを６こ買いました。だい金はぜんぶで何円ですか。〔12点〕

しき

答え

6 1こ80円のりんごを3こと，1こ40円のみかんを5こ買いました。買ったりんごのだい金とみかんのだい金のちがいは何円ですか。〔8点〕

しき $80 \times 3 = 240$, $40 \times 5 = 200$

$240 - 200 = \boxed{}$

答え $\boxed{}$ 円

7 1こ40円のけしゴムを3こと，1さつ80円のノートを2さつ買いました。買ったけしゴムのだい金とノートのだい金のちがいは何円ですか。〔10点〕

しき $40 \times 3 =$

答え _____ 円

8 1こ60円のりんごを4こと，1こ30円のみかんを6こ買いました。買ったりんごのだい金とみかんのだい金のちがいは何円ですか。〔10点〕

しき

答え _____

9 1まい20円の画用紙を8まいと，1たば40円の色紙を5たば買いました。買った画用紙のだい金と色紙のだい金のちがいは何円ですか。〔10点〕

しき

答え _____

10 1こ90円のりんごを6こと，1こ70円のなしを6こ買いました。買ったりんごのだい金となしのだい金のちがいは何円ですか。〔12点〕

しき

答え _____

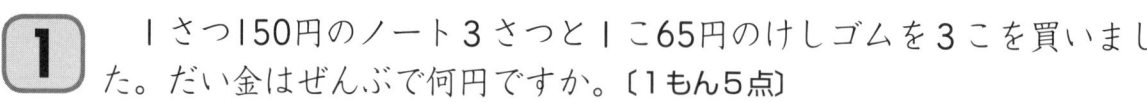
1 １さつ150円のノート３さつと１こ65円のけしゴムを３こを買いました。だい金はぜんぶで何円ですか。〔1もん5点〕

① ノートのだい金とけしゴムのだい金をべつべつに計算しましょう。

答え

② ノート１さつとけしゴム１こを組にして計算しましょう。

答え

2 ゆいさんは１つ200円の絵のぐ４つと１本180円のふで４本を買いました。だい金はぜんぶで何円ですか。〔10点〕

答え

3 あやとさんは１本120円のペン８本と１さつ180円のメモちょう８さつを買いました。だい金はぜんぶで何円ですか。〔10点〕

答え

4 １ふくろ85ｇ入りのクッキーと１ふくろ135ｇ入りのチョコレートがそれぞれ42ふくろずつあります。重さはぜんぶで何kg何ｇですか。〔10点〕

答え

5 80円切手を8まいと120円切手を8まい買いました。80円切手のだい金と120円切手のだい金のちがいは何円ですか。〔1もん5点〕

① 80円切手のだい金と120円切手のだい金をべつべつに計算しましょう。

 しき

答え _____

② 80円切手1まいと120円切手1まいのねだんのちがいを考えて計算しましょう。

 しき

答え _____

6 1ふくろ30まい入りの赤い色紙と1ふくろ50まい入りの青い色紙がそれぞれ4ふくろずつあります。赤い色紙と青い色紙のまい数のちがいは何まいですか。〔10点〕

 しき

答え _____

7 かんなさんは335円のおかしを5こ買いました。妹は125円のおかしを5こ買いました。かんなさんと妹のはらっただい金のちがいは何円ですか。〔10点〕

 しき

答え _____

8 赤いバラの花15本ずつの花たばと白いバラの花12本ずつの花たばがそれぞれ25たばずつあります。赤いバラと白いバラの本数のちがいは何本ですか。〔10点〕

 しき

答え _____

9 えんぴつが124本入ったはこが6はこと，ペンが79本入ったはこが6はこあります。えんぴつとペンの本数のちがいは何本ですか。〔10点〕

 しき

答え _____

10 380gのもものかんづめと180gのみかんのかんづめが33こずつあります。それぞれの重さのちがいは何kg何gですか。〔10点〕

 しき

答え _____

1 みかんが何こかありました。そのうちの 5 こを食べ，また 3 こ食べたので，のこりは 7 こになりました。みかんは，はじめに何こありましたか。〔10点〕

答え _____

2 1 まい 8 円のおり紙が 1 ふくろに 5 まいずつ入っています。2 ふくろ買うと，だい金は何円になりますか。〔10点〕

答え _____

3 えんぴつが 7 本ありました。きょう，新しくえんぴつを 2 ダース買ってきました。えんぴつはぜんぶで何本になりましたか。〔10点〕

答え _____

4 1000 円をもって，買いものに行きました。1 本 140 円のペンを 5 本買うと，のこりは何円ですか。〔10点〕

答え _____

5 あかりさんは，あめを 6 こもっています。お母さんからもらった 15 このあめを，妹たちと 3 人で同じ数ずつ分けました。あかりさんのもっているあめは何こになりましたか。〔10点〕

答え _____

6 なしが63こあります。これを7こずつはこに入れて売りました。その うち6はこが売れました。売れずにのこっているなしは何こですか。

〔10点〕

答え _____

7 1こ60円のけしゴムを2こと，1本80円のえんぴつを3本買いまし た。だい金はぜんぶで何円ですか。〔10点〕

答え _____

8 1ふくろ120g入りのクッキーが4ふくろと1ふくろ180g入りの クッキーが4ふくろあります。重さはぜんぶで何kg何gですか。〔10点〕

答え _____

9 色紙とのりを買いに行きました。色紙は150円，のりは90円でした。 えんぴつもほしくなって買ったら，ぜんぶで300円になりました。えん ぴつは何円でしたか。〔10点〕

答え _____

10 はるさんは，かぜでくすりを1回に3こずつ，1日に3回のみます。 4日間では何このむことになりますか。〔10点〕

答え _____

1 1たばが6まいの色紙が5たばあります。きょう、この色紙を3まいつかいました。色紙は何まいのこっていますか。〔10点〕

しき

答え _____

 2 りんごが40こあります。そのりんごを3こずつ7人にくばりました。りんごは何このこっていますか。〔10点〕

しき

答え _____

 3 25このあめを、つむぎさんたち5人で同じ数ずつ分けました。つむぎさんはそのうちの2こを食べました。つむぎさんのもっているあめは何こになりましたか。〔10点〕

しき

答え _____

 4 1まい40円の画用紙5まいと、1本80円のふでを6本買いました。だい金はぜんぶで何円ですか。〔10点〕

しき

答え _____

 5 1こ30円のみかんを7ことと、1こ90円のかきを4こ買いました。買ったみかんのだい金とかきのだい金のちがいは何円ですか。〔10点〕

しき

答え _____

6 80円切手を4まいと120円切手を4まい買いました。80円切手のだい金と120円切手のだい金のちがいは何円ですか。〔10点〕

答え _____

7 たいせいさんは1本130円のペン3本と1さつ170円のノート3さつを買いました。だい金はぜんぶで何円ですか。〔10点〕

答え _____

8 ゆうなさんは，えんぴつを9本もっています。お父さんからもらった1ダースのえんぴつを，弟と2人で同じ数ずつ分けました。ゆうなさんのもっているえんぴつは何本になりましたか。〔10点〕

答え _____

9 クッキーが28こあります。これを4こずつふくろに入れて売りました。そのうち5ふくろが売れました。クッキーは何ふくろのこっていますか。

〔10点〕

しき

答え _____

10 2mのリボンがあります。このリボンから，1本が15cmのリボンを12本切りとりました。リボンは何cmのこっていますか。〔10点〕

しき

答え _____

いろいろな もんだい⑪

1 1れつに，10mおきに木を3本うえました。はじめの木からさい後の木までのきょりは何mですか。〔8点〕

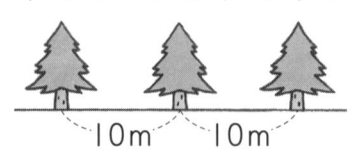

しき 3－1＝2，　10×2＝ □

答え □ m

2 1れつに，10mおきに木を4本うえました。はじめの木からさい後の木までのきょりは何mですか。〔8点〕

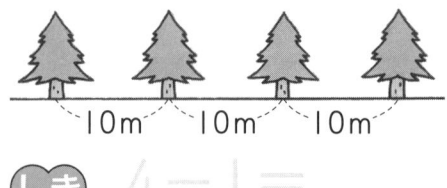

しき 4－1＝

答え m

3 1れつに，10mおきに木を5本うえました。はじめの木からさい後の木までのきょりは何mですか。〔12点〕

しき

答え

4 1れつに，12mおきに木を6本うえました。はじめの木からさい後の木までのきょりは何mですか。〔12点〕

しき

答え

5 9本のはたを，6mおきにまっすぐに1れつにならべて立てました。はじめのはたからさい後のはたまでのきょりは何mですか。〔12点〕

しき

答え _____

6 まっすぐな道にそって12mおきに木がうえてあります。みなとさんは，1本めの木から10本めの木まで走りました。みなとさんは何m走りましたか。〔12点〕

しき

答え _____

7 下の図のように，黒いご石の間に白いご石を4こずつならべます。黒いご石が3このとき，白いご石はぜんぶで何こありますか。〔12点〕

●○○○○○●○○○○○●

しき

答え _____

8 下の図のように，黒いご石の間に白いご石を3こずつならべます。黒いご石が6このとき，白いご石はぜんぶで何こありますか。〔12点〕

●○○○●○○○●○○○●○○○●○○○●

しき

答え _____

9 かねをならします。1回めのかねをならしてから5秒ごとに1回ならします。10回目のかねをならすまで何秒かかりますか。〔12点〕

しき

答え _____

78 いろいろな もんだい⑫

1 丸い形をした池のまわりに，10mおきに木が5本うえてあります。池のまわりの長さは何mですか。〔10点〕

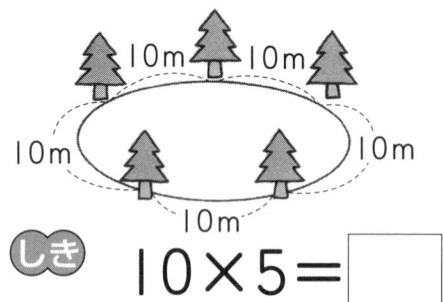

しき 10×5＝☐   答え ☐ m

2 丸い形をした池のまわりに，10mおきに木が7本うえてあります。池のまわりの長さは何mですか。〔10点〕

しき 10×7＝   答え m

3 丸い形をした池のまわりに，11mおきに木が6本うえてあります。池のまわりの長さは何mですか。〔10点〕

しき   答え

4 丸い形をした池のまわりに，15mおきに木が8本うえてあります。池のまわりの長さは何mですか。〔10点〕

しき   答え

5 丸い形をした花だんのまわりに，2mおきにくいが15本立っています。この花だんのまわりの長さは何mですか。〔10点〕

しき   答え

6 まわりの長さが30mの丸い形をした池があります。この池のまわりに5mおきに木をうえるには，木はぜんぶで何本あればよいでしょうか。

〔10点〕

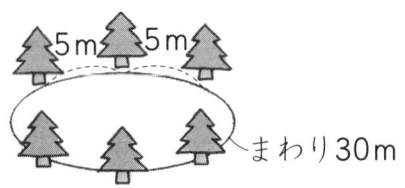
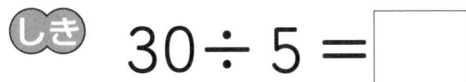

まわり30m

しき $30 \div 5 =$ ☐ 　　　答え ☐ 本

7 まわりの長さが35mの丸い形をした池があります。この池のまわりに5mおきに木をうえるには，木はぜんぶで何本あればよいでしょうか。

〔10点〕

しき $35 \div 5 =$

答え 本

8 まわりの長さが36mの丸い形をした池があります。この池のまわりに4mおきに木をうえるには，木はぜんぶで何本あればよいでしょうか。

〔10点〕

しき

答え

9 まわりの長さが56mの丸い形をした池があります。この池のまわりに7mおきに木をうえるには，木はぜんぶで何本あればよいでしょうか。

〔10点〕

しき

答え

10 まわりの長さが28mの丸い形をした花だんがあります。この花だんのまわりに4mおきにくいを立てるには，くいは何本あればよいでしょうか。〔10点〕

しき

答え

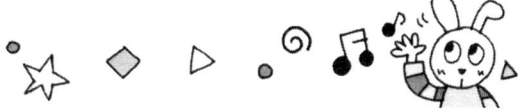

とく点

点

答え ➡ 別冊解答
23 ページ

1 長さ50cmの2本のテープを, つなぎめを2cmにしてつなぎます。ぜんたいの長さは何cmになりますか。〔10点〕

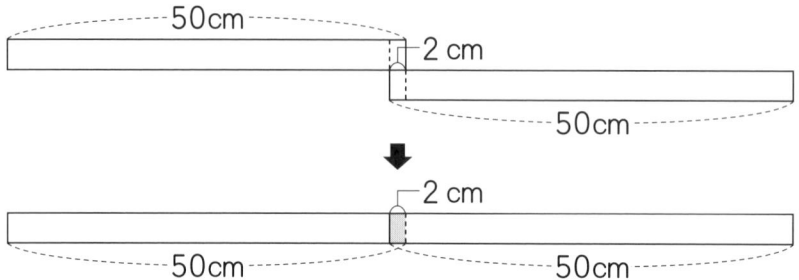

しき $50×2=100, \quad 100-2=\boxed{}$

答え $\boxed{}$ cm

2 長さ50cmの2本のテープを, つなぎめを4cmにしてつなぎます。ぜんたいの長さは何cmになりますか。〔10点〕

 しき 50×2＝

答え _____ cm

3 長さ60cmの2本のテープを, つなぎめを8cmにしてつなぎます。ぜんたいの長さは何cmになりますか。〔15点〕

答え _____

4 長さ75cmの2本のテープを, つなぎめを6cmにしてつなぎます。ぜんたいの長さは何cmになりますか。〔15点〕

答え _____

5 長さ50cmの2本のテープをつないで，ぜんたいの長さを95cmにします。テープのつなぎめを何cmにすればよいでしょうか。〔10点〕

しき

$$50 \times 2 = 100, \quad 100 - 95 = \boxed{}$$

答え $\boxed{}$ cm

6 長さ60cmの2本のテープをつないで，ぜんたいの長さを112cmにします。テープのつなぎめを何cmにすればよいでしょうか。〔10点〕

しき $60 \times 2 =$

答え _____ cm

7 長さ75cmの2本のテープをつないで，ぜんたいの長さを140cmにします。テープのつなぎめを何cmにすればよいでしょうか。〔15点〕

しき

答え _____

8 長さ120cmの2本のテープをつないで，ぜんたいの長さを225cmにします。テープのつなぎめを何cmにすればよいでしょうか。〔15点〕

しき

答え _____

1 くりとかきをあわせて16ことりました。くりは，かきより4こ多いそうです。かきを何ことりましたか。〔10点〕

 $16-4=12, \quad 12\div2=\boxed{}$

答え $\boxed{}$ こ

2 りんごとなしがあわせて25こあります。りんごは，なしより7こ多いそうです。なしは何こありますか。〔10点〕

 $25-7=$

答え こ

3 りくとさんのグループはちょうど30人です。1ぱんは，2はんより12人多いそうです。2はんは何人いますか。〔10点〕

しき

答え

4 赤い色紙と青い色紙があわせて45まいあります。赤い色紙は，青い色紙より31まい多いそうです。青い色紙は何まいありますか。〔10点〕

しき

答え

5 りんごとなしがあわせて24こあります。りんごは，なしより6こ多いそうです。〔1もん10点〕

① なしは何こありますか。

 24−6＝18，18÷2＝

答え _____

② りんごは何こありますか。

答え _____

6 赤い色紙と青い色紙があわせて27まいあります。赤い色紙は，青い色紙より11まい多いそうです。〔1もん10点〕

① 青い色紙は何まいありますか。

答え _____

② 赤い色紙は何まいありますか。

答え _____

7 赤いおはじきと白いおはじきがあわせて36こあります。赤いおはじきは，白いおはじきより24こ多いそうです。〔1もん10点〕

① 白いおはじきは何こありますか。

答え _____

② 赤いおはじきは何こありますか。

答え _____

いろいろな もんだい⑮

1 みかんとりんごがあわせて14こあります。みかんは，りんごより4こ多いそうです。〔1もん8点〕

① みかんは何こありますか。

しき $14+4=18, \quad 18÷2=$

答え _____こ

② りんごは何こありますか。

しき

答え _____

2 赤い色紙と青い色紙があわせて13まいあります。赤い色紙は，青い色紙より3まい多いそうです。〔1もん8点〕

① 赤い色紙は何まいありますか。

しき

答え _____

② 青い色紙は何まいありますか。

しき

答え _____

3 くりとかきをあわせて11こりました。くりは，かきより5こ多いそうです。〔1もん8点〕

① くりを何こりましたか。

しき

答え _____こ

② かきを何こりましたか。

しき

答え _____

4 赤いおはじきと青いおはじきがあわせて16こあります。赤いおはじきは，青いおはじきより2こ多いそうです。赤いおはじきと青いおはじきはそれぞれ何こありますか。〔13点〕

答え _____

5 みかんとかきがあわせて15こあります。みかんは，かきより3こ多いそうです。みかんとかきはそれぞれ何こありますか。〔13点〕

答え _____

6 公園で，子どもがぜんぶで12人あそんでいます。男の子は，女の子より4人多いそうです。男の子と女の子はそれぞれ何人いますか。〔13点〕

答え _____

7 青いボールと白いボールがあわせて10こあります。青いボールは，白いボールより6こ多いそうです。青いボールと白いボールはそれぞれ何こありますか。〔13点〕

答え _____

3年のまとめ

1 きょう，どうぶつ園に来た人は5872人でした。きのうはきょうより1329人多かったそうです。きのうどうぶつ園に来た人は何人でしょうか。〔7点〕

答え _____

2 ゆづきさんの家では，みかんを市場に出すために，はこにつめました。みかん136こ入りのはこが46はこできました。みかんはぜんぶで何こありましたか。〔7点〕

答え _____

3 そうまさんは午後2時40分から1時間30分べんきょうしました。べんきょうがおわった時こくは午後何時何分ですか。〔8点〕

答え _____

4 重さ1.4kgのいれものにりんごを入れて重さをはかったら，ぜんたいで4.3kgありました。りんごだけの重さは何kgですか。〔8点〕

答え _____

5 テープを$\frac{2}{9}$mと$\frac{5}{9}$mの2本に切り分けました。はじめにテープは何mありましたか。〔10点〕

答え _____

6 えんぴつを45本もらいました。7人で分けると1人何本ずつで何本あまりますか。〔10点〕

答え _____

7 1.3 t の自どう車にきょうとったりんご900kgをのせました。ぜんたいでは何 t になりますか。〔10点〕

しき

答え _____

8 牛にゅうが1Lありました。朝$\frac{3}{7}$Lのみ，昼には$\frac{2}{7}$Lのみました。今，何Lのこっていますか。〔10点〕

しき

答え _____

9 ちゅう車場に車が何台かとまっていました。5台出ていったので今は18台とまっています。さいしょに車が何台とまっていましたか。さいしょにとまっていた車の台数を□台として，ひき算のしきに書きましょう。また，□をもとめるしきになおして，答えをもとめましょう。〔10点〕

しき

_____

答え _____

10 かほさんは花を同じ数ずつたばにしています。7たばつくるのに花を77本つかいました。1たばの花は何本ですか。1たばの本数を□本としてかけ算のしきに書きましょう。また，□をもとめるしきになおして，答えをもとめましょう。〔10点〕

しき

_____

答え _____

11 1本135円のカーネーションを3本と1本280円のバラを3本買いました。だい金はぜんぶで何円ですか。〔10点〕

しき

答え _____

基礎力をつけるには くもんの小学ドリル が 強いみかた!!

スモールステップで、らくらく力がついていく!!

算数

計算シリーズ (全13巻)

① 1年生たしざん
② 1年生ひきざん
③ 2年生たし算
④ 2年生ひき算
⑤ 2年生かけ算（九九）
⑥ 3年生たし算・ひき算
⑦ 3年生かけ算
⑧ 3年生わり算
⑨ 4年生わり算
⑩ 4年生分数・小数
⑪ 5年生分数
⑫ 5年生小数
⑬ 6年生分数

数・量・図形シリーズ (学年別全6巻)

文章題シリーズ (学年別全6巻)

プログラミング

① 1・2年生　② 3・4年生　③ 5・6年生

学力チェックテスト

算数 (学年別全6巻)
国語 (学年別全6巻)
英語 (5年生・6年生 全2巻)

国語

1年生ひらがな
1年生カタカナ
漢字シリーズ (学年別全6巻)
言葉と文のきまりシリーズ (学年別全6巻)
文章の読解シリーズ (学年別全6巻)
書き方(書写)シリーズ (全4巻)

① 1年生ひらがな・カタカナのかきかた
② 1年生かん字のかきかた
③ 2年生かん字の書き方
④ 3年生漢字の書き方

英語

3・4年生はじめてのアルファベット
ローマ字学習つき

3・4年生はじめてのあいさつと会話
5年生英語の文
6年生英語の文

くもんの算数集中学習　小学3年生 文章題にぐーんと強くなる

2020年 2月　第1版第1刷発行
2024年 6月　第1版第9刷発行

●発行人　志村直人
●発行所　株式会社くもん出版
〒141-8488 東京都品川区東五反田2-10-2
東五反田スクエア11F
電話　編集直通　03(6836)0317
　　　営業直通　03(6836)0305
　　　代表　　　03(6836)0301

●印刷・製本　TOPPAN株式会社
●カバーデザイン　辻中浩一+小池万友美(ウフ)
●カバーイラスト　亀山鶴子

© 2020 KUMON PUBLISHING CO.,Ltd Printed in Japan
ISBN 978-4-7743-2971-0

落丁・乱丁はおとりかえいたします。
本書を無断で複写・複製・転載・翻訳することは、法律で認められた場合を除き禁じられています。
購入者以外の第三者による本書のいかなる電子複製も一切認められていませんのでご注意ください。
CD 57293

くもん出版ホームページアドレス　https://www.kumonshuppan.com/

※本書は『文章題集中学習 小学3年生』を改題し、新しい内容を加えて編集しました。